一本为热爱地球及所有生命的读者
量身定制的书

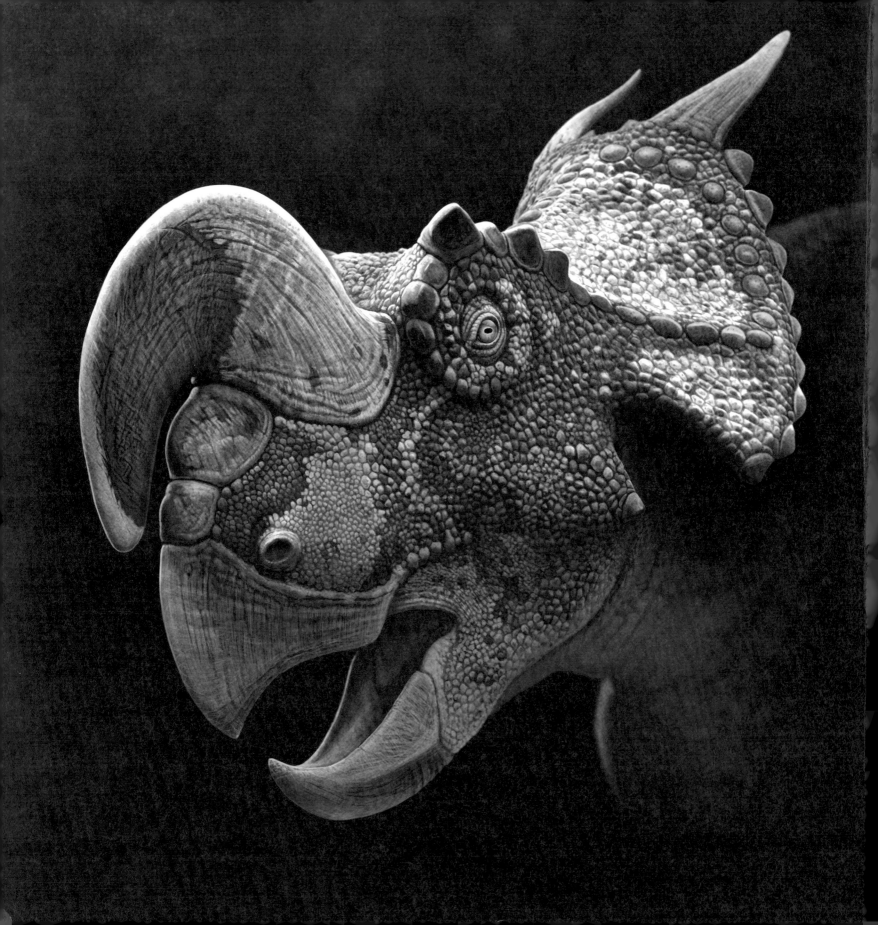

地球简史

从星尘到万物

［俄罗斯］安东·涅利霍夫　阿列克谢·伊凡诺夫 / 著
［俄罗斯］安德烈·阿杜钦 / 绘　朱蝶 / 译

湖南科学技术出版社

目　录

○ 冥古宙 ………………………………………………… 2

○ 太古宙 ………………………………………………… 10

○ 元古宙 ………………………………………………… 14

○ 显生宙 ………………………………………………… 24

　○ 古生代 ……………………………………………… 24

　　○ 寒武纪 …………………………………………… 26

　　○ 奥陶纪和志留纪 ………………………………… 32

　　○ 泥盆纪 …………………………………………… 38

　　○ 石炭纪 …………………………………………… 46

　　○ 二叠纪 …………………………………………… 50

　○ 中生代 ……………………………………………… 56

　　○ 三叠纪 …………………………………………… 58

　　○ 侏罗纪 …………………………………………… 67

　　○ 白垩纪 …………………………………………… 78

　○ 新生代 ……………………………………………… 90

　　○ 古近纪 …………………………………………… 92

　　○ 新近纪 …………………………………………… 98

　　○ 第四纪 …………………………………………… 103

○ 未来 …………………………………………………… 113

"你先想象一座巨大的高山，"津斯回答道，"就像高加索的厄尔布鲁士山那样的。再想象一只仅存的小麻雀，它无忧无虑地跳跃着，啄食着山里的石头。要是这只小麻雀想把厄尔布鲁士山上的石头都啄完，它恐怕得花上跟我们地球的生命一样漫长的时间吧。"

——康斯坦丁·帕乌斯托夫斯基，《金蔷薇》

冥古宙

45.6 亿—40 亿年前

很久以前，45.6 亿年前，宇宙发生了一件稀松平常的事，但这件事对于我们人类而言却显得至关重要。在银河系（英文称"牛奶路"）的边缘地带，有一颗恒星爆炸了。结果，由漂浮的尘埃、气体和石头碎片组成的"星云摇篮"开始以巨大的速度旋转起来。

云层不断压缩，旋转速度越来越快，温度也越来越高，最后火光一闪，一颗恒星从它的中心喷薄而出。这颗恒星就是我们的太阳。气体和石头的漩涡环绕在它的周围。

太阳系看起来像一枚鸡蛋：中间是巨大而炽热的"蛋黄"，周围是尘埃"蛋白"。这些尘埃慢慢地黏合在一起，形成巨大的"雪球"并演变成坚固的行星：水星、金星、地球、火星。这些行星的形成耗时不长，只用了 200 万～300 万年。轻一点的气体被甩到了漩涡的边缘，它们也黏合在一起，形成巨大的气行星：木星、土星、天王星和海王星。

年轻的太阳非常耀眼、鲜红，它会时常发生燃烧和爆炸。随着太阳的脉动，它会向周围空间喷发出惊人的、致命的辐射。天文学家们把年轻的太阳称为"职业杀手星球"。

地球曾多次改变外形，那时它并不是我们现在所熟悉的蓝色星球模样。在地球的周围，曾经被一圈石头所环绕。

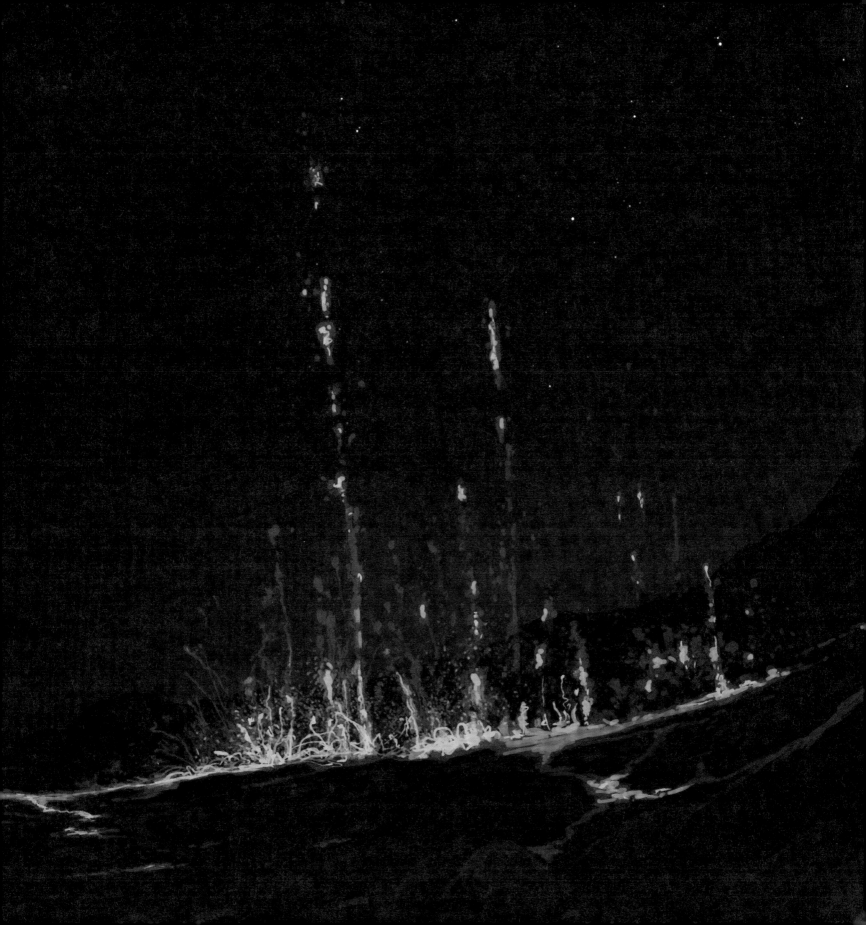

第一阶段并没有持续多久，太阳很快便明显失去了原有的光泽，亮度比现在的太阳要暗 30%。昏暗的太阳光照射着那些行星形成后剩余的碎片，这样的碎片数量很多。石头碎片和冰块漂浮着，相互碰撞，撞向行星。

其中的某一次碰撞尤其引人注目。大约在太阳系诞生一亿年之后，有一颗名叫乔亚的行星闯入了地球。这是一颗原行星，即尚未完全形成的行星胚胎。

这次的撞击是以正切方式直接撞向地球的，结果地球的一侧被撞成弧形，而另一侧则凹陷出一个巨大的深坑。乔亚的物质进入地球内核，使得地球的体积和重量都增加了一半。有一大块碎片从乔亚上被甩入轨道，成为地球的卫星——月球。其余碎片则变成炽热的石头云，它们与月球一起，悬挂在地球上方。受万有引力（重力）作用影响，乔亚的其余碎片呈扁平的环状分布在地球周围，就像土星的光环一样。渐渐的，这个圆环开始崩塌，石头飞散到地球和月球上。

地球某些地方的表面有了积水，水里充斥着大量的铁、硫黄和盐类，水温高达 200℃，但由于大气压过高，所以水不会沸腾。地球的上空弥漫着由碳氢化合物构成的浓雾，天空中漂浮着甲烷云。昏暗的太阳和巨大的月球在甲烷云上快速移动，时不时有火山喷发和岩浆喷涌。当时的情形与我们现在看到的大不一样：天空是橙黄色的，陆地是黑色的沙漠，海洋随处可见，海水中的铁也未被氧化。就是在这样奇特的条件下，地球上的生命诞生了。或许，太阳系第一批生命体的诞生是在火星上，然后由火星陨石将生命带到地球。当然，也可能生命的确就是在地球早期奇特的条件下诞生的。

地球上没有保存下冥古宙的山体岩石，它们都被时间销蚀掉了。只找到一个如拳头大小的石块，它的年龄有 40 亿年。这是地球上最古老的石头，却是在月球上被找到的。因为冥古宙的地球大气层很稀薄，被陨石撞下的岩石碎片会变成地球的陨石，而其中的某些陨石会落到月球上。

最开始它们还只是"生物出现之前的生命"，充其量不过是真正生命的前身——某些分子学会了自我复制。随后它们当中的一部分变成薄薄的膜片，然后出现了首批细胞，这已经算是真正的活生物体。或许，最早的细胞就是水滴中的分子，这些分子在炽热地球的上空旋转，水滴的壁膜变成了细胞的壁膜。这些细胞所需要的能源可能是太阳光和周围尘埃中的化学成分。

生命的诞生是独一无二的事件，因为它有可能并不会出现。所有生物的遗传密码都相似，这表明生命的发生纯属偶然。原则上这个密码可能并非唯一，也绝非最佳，但在我们的星球上却没有其他密码。

这个密码的最早携带者，也可能是第一批活生物，是一种被称为卢卡的微生物（LUCA，英语 Last Universal Common Ancestor 的缩写词，意为所有生物的最近共同祖先）。

卢卡是所有生命的鼻祖，比方说蛤蟆菌、藻类、浣熊、硫酸中存活的细菌、小龙虾，还有我和你，亲爱的读者，最早都来自卢卡。卢卡是单细胞无核生物，40 亿年前它们生活在充满强烈太阳辐射的水里。可能还曾有过其他早期生命形式，但它们没有留下任何后代或痕迹。

卢卡存在的那段时期，正巧遇上了全球的太空灾难。木星由于某种原因冲破了小行星的轨道，运行到了太阳附近。这些小行星偏离了自己的常规路线，飞入了太阳系，不少小行星迎面撞入其他行星。这次爆发的宇宙混乱被称为后期重型爆炸。由于小行星的碰撞，地球上的氖气都被蒸发了，只有其中的一小部分氖气得以保存。原先的大气层只包含氖气，现在的大气层包含氮气、二氧化碳

没有谁知道地球第一批居民——卢卡到底长什么样子。因为它们没有留下任何印迹，既没有化石，也没有化学痕迹，但从某种程度上说它们又留下了更多的东西——遗传轨迹。我们星球上所有的生命体都是它们的后代。

和甲烷。

这场后期的重型爆炸足足持续了4亿年。月球、地球、金星、火星、水星上都有散落的小行星和陨石。月球和火星上的大量陨石坑，都是那次大爆炸留下的痕迹。

小行星再次熔化了地壳。剧烈的撞击使得海洋被蒸发成数千摄氏度高温的水蒸气，数千年弥漫在地球上空，然后变成降水，慢慢落下，渐渐积在某些凹陷处，重新变成水，直到再次被小行星撞击而蒸发成水蒸气。如此循环往复了数百万年。但生命却经受住了考验，被保存下来。

在这次大爆炸过程中，卢卡分成了两类无核细胞微生物——细菌和古菌。这两大微生物曾是我们星球上唯一的"居民"。直到20亿年之后，才有真核生物加入，而这使得你我跟这个世界有了关联。

但古菌与细菌至今仍是我们地球上主要的生物。仅仅是存在于我们肠道里的细菌，就比银河系的所有星星都要多。而古菌与细菌，可以巧妙地存在于任何环境。可以是凹陷的海洋底，也可以是南极的冰川下，可以是沸腾的间歇泉，甚至也可以是高空的云端。

这次大爆炸摧毁了原始地球上的所有痕迹。地球上最古老的地质编年史记录了40亿年的历史，上面标注了冥古宙和太古宙这两个耗时最长，边界又最为含混的时代。

用天文学家卡尔·萨根的话来说，我们是生活在一个宇宙的破折号里。地球上经常会闯入各种规格的硬物，有时像是一粒小小的灰尘，有时候又像是一辆大大的汽车，一般来说它们在大气层会发生燃烧。假如我们看见所有被烧焦的陨石，我们头顶的天空将会变成一片火海，熊熊烈火可以把整个孟加拉烧成灰烬。地球存在的第一个十亿年里，大气层比较稀薄，陨石经常会光顾其表面。在宇宙这个靶场上，地球常是一个被轻易瞄准的靶标。

太古宙

36 亿—25 亿年前

小行星爆炸结束后，地球再次形成坚固的硬壳。整个地球几乎都被海洋所覆盖，陆地只占到 4%（现在是 29%）。那时的海洋闻起来有下水道的味道，水里的硫化氢噼啪作响，估计味道应该是很酸的。海水温达到了 60℃，毫无生气的海洋底部是一个真正的矿物禁采区，因为海底滚动着无数细小的含硅矿物球（一旦活的生物学会用二氧化硅构建骨骼，它们就会不复存在）。

大陆浮出海洋水面。它们类似于马达加斯加或者冰岛那样的大型岛屿，由于地幔活动频繁，它们快速地在地表移动。地球上空弥漫着丁香色和橙色的甲烷气雾。这种气雾在土星的卫星（土卫六）上仍有保留。那时的太阳还是暗淡的，颜色不是鲜红，而是红褐色。

由于太阳的温度不够，地球很容易被冰覆盖，好在大气保持了一定温度，不会让地球冷却。地球表面的温度接近 50℃。根据对太古宙雨滴滴印的考证（这样的痕迹少而又少），可以推断当时大气的密度只有现在的 1/2，也就是说，地球很难留住宇宙中的尘埃。地球上陨石雨频发，每天都会有数千吨太空垃圾飞向地球，但没等

太古宙时期，几乎所有知名金矿的产生都得益于细菌的参与。金耳环、金面具、金项链、金锭、黄金……无一不与这些古老的微生物有千丝万缕的联系。

落到地表就被燃烧掉了。

按我们如今的标准来看，当时的地球就像是一部灾难片：天空的酸雨下个没完没了，小山上遍地沟壑，到处都流淌着黄色的硫黄。它们都被太阳的紫外线辐射烤焦了。

当时的地球上还只有一些微小的无细胞核微生物，它们只有 5～15 微米，在普通的显微镜里很难被发现。打个比方吧，我们的一根头发差不多 100 微米，一滴水里可以有 100 万个古老的微生物。它们的外形有点像破折号、小珠子、小棍子、小豆子、小绳子。

在不深的水域底部，有数十亿个带黏膜的微生物，其余的微生物膜则随着波浪漂浮，并借助气泡得以保存。

"叠层石"一词源自古希腊语，意为"地毯石"。从岩石切片可以看到，它们有各种色调和颜色的分层，像成百上千条纤薄的地毯叠加在一起。

借助黏液的帮助，它们躲过了紫外线辐射的致命伤害。微生物的这一特性被保留至今。所以，用紫外线灯照射是无法给房间进行彻底消毒的，因为细菌会分泌黏液，使它们免受辐射伤害。细菌一般都是群居，它们之间的交流要借助化学和电子信号。

细菌界的进化跟后来动物界的进化完全不一样。细菌会不断改变某些基因片段，传递基因信息时，它们只需附着在一起，部分 DHA 信息就可以发生改变。在微生物界，这种现象很常见。我们身体里的细菌也经常会从某个意外闯入者，如流感病毒那里接收基因改变，而我们对此一无所知。

这种信息的交换被称作"基因的水平转移"。可以打个比方来理解这种行为。设想一下，你伸手与几个朋友打招呼，你们握手的同时就实现了基因交换。你与其中一个打了个招呼，未来你孩子的头发颜色就变成了火红色。你与另外一个朋友打招呼的时候，你的孩子就会长出土豆一样的鼻子。你摸了一下猫，你的后代就会华丽丽长出猫胡须（而猫的后代则会长出光滑而扁平的指甲）。如果你摘下一束红玫瑰嗅了嗅花香，你未来的孩子（如果你是细菌的话）就会自带玫瑰的芬芳。

正是由于基因的这种水平转移，微生物种类的边界变得模糊不清。严格说来，每一个细菌都可以看成单个的物种。

所有这些由细菌和古菌组成的难以计数的看不见的微生物大军，不断处理行星表面的元素，改变着地球的外貌。它们有大把大把的时间。最后，由于它们的活动，成堆成堆的巨大矿物质被逐渐累积起来，形成了锰、铀和金矿。

叠层石的外形各不相同，有的像柱子或球，有的像长条面包或蘑菇。它们的形状很少随时间推移而改变。到了现在，在澳大利亚的咸水海湾还可以看到这种叠层石，它们与 30 亿年前地球上的叠层石几乎无异。

太古宙时期是地球历史上最为平和的年代：谁也不吃谁，谁也不去追捕谁。细菌和古菌彼此不构成食物链，它们之间只有竞争。对它们而言，邻居远不及硫黄和铁矿营养丰富，吃邻居不划算。

微生物在整个地球上繁衍开来。它们当中的某些微生物甚至还留下了自己的痕迹，形成了石头结构的建筑物——叠层石。

叠层石是由许许多多石化后的矿物薄膜叠加出的层理，样子很像一本较厚的层层叠叠的书页。叠层石的产生离不开细菌，是细菌们改变了周围环境的化学条件，加速了水中各种矿物质的沉淀。厚度为 1 厘米的叠层石，需要花费 20 年，甚至更久的时间才可以形成。

叠层石的形状也是各种各样的。最常见的是鹅卵石型，它们堆积在一起，很像古老的人行道。也有些其他类型的，像珊瑚，或者像圆锥、圆柱。它们中有些生活在海岸附近的水边，有些生活在深水区。叠层石的主要建设者是蓝细菌（曾称蓝藻），它们主要通过太阳光来使水分解。水虽随处可见，但难以分解。唯有蓝细菌掌握了这一独门绝技。真核藻类和植物（高等植物）利用进入体内的蓝细菌分解水分，这些蓝细菌演化成了细胞内的细胞器，即叶绿体。

蓝细菌分解了水分子，吸收了其中的一个氢原子，把有毒的、破坏性的氧原子扔得远远的。最开始的时候，氧气使溶解在海洋里的铁氧化，然后铁开始在海洋底部沉淀下来，就像杯子里的一片茶叶。铁矿床就是这样形成的。我们当今制造的所有的刀叉、汽车、火箭等，都要感谢古老的细菌，是它们将散落的碎铁末汇聚成了巨大的铁矿石。

蓝细菌的这一特异功能给它们带来了意想不到的成功。水和阳光都是随处可见、唾手可得的东西，蓝细菌的数量于是得到了空前的增长。

叠层石开始在地球上疯狂扩散。有些长成了高达数百米、绵延数千米宽的山丘。甚至开始出现高达 500 米的叠层石暗礁。地球上首批珊瑚礁遗迹保留在津巴布韦、印度、加拿大和俄罗斯（科拉半岛）。

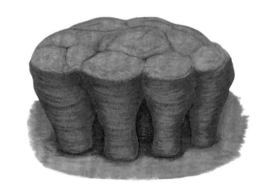

叠层石的大小各不相同。最小的比一粒米还小，最大最古老的有九层楼房屋那么高。

元古宙

元古宙初期的地球，相当于人类寿命的 20 岁。此时发生了一些至关重要的变化。

叠层石的疯狂增长扩大了陆地的面积。跟往常一样，陆地上还是一望无际、寸草不生的荒漠。风吹散了地球上空的尘埃云。海水是浑浊而肮脏的，巨大的海浪翻涌着，冲向黑色的沙滩。

蓝细菌的旺盛生长也给地球生态结构带来翻天覆地的变化。随着时间的推移，这些蓝细菌的数量越来越多，它们生产出越来越多的氧气。火山喷发和地球内核不断产生新的铁，也无暇对它们进行中和，于是大气中的氧气越聚越多。

原先是黑色的陆地，现在变红了，因为矿物中所含的铁开始被氧化。地球开始呈现出火星上的景观：火红的、粉色的荒漠，向四面八方的地平线延展。

大气中开始出现臭氧。臭氧是一种含有 3 个氧原子的气体，它们形成一个臭氧屏蔽层，可以减少太阳光中的紫外线辐射。这样，微生物无需再躲避太阳，它们可以开垦新的居住地，其中就包括陆地。

地球被冰雪覆盖，因而被称为"雪球"。冰川时代，地球的生命按理应该会全军覆没，但由于生命的伟大和顽强，它们终究还是躲过了这场毁灭性的酷寒。

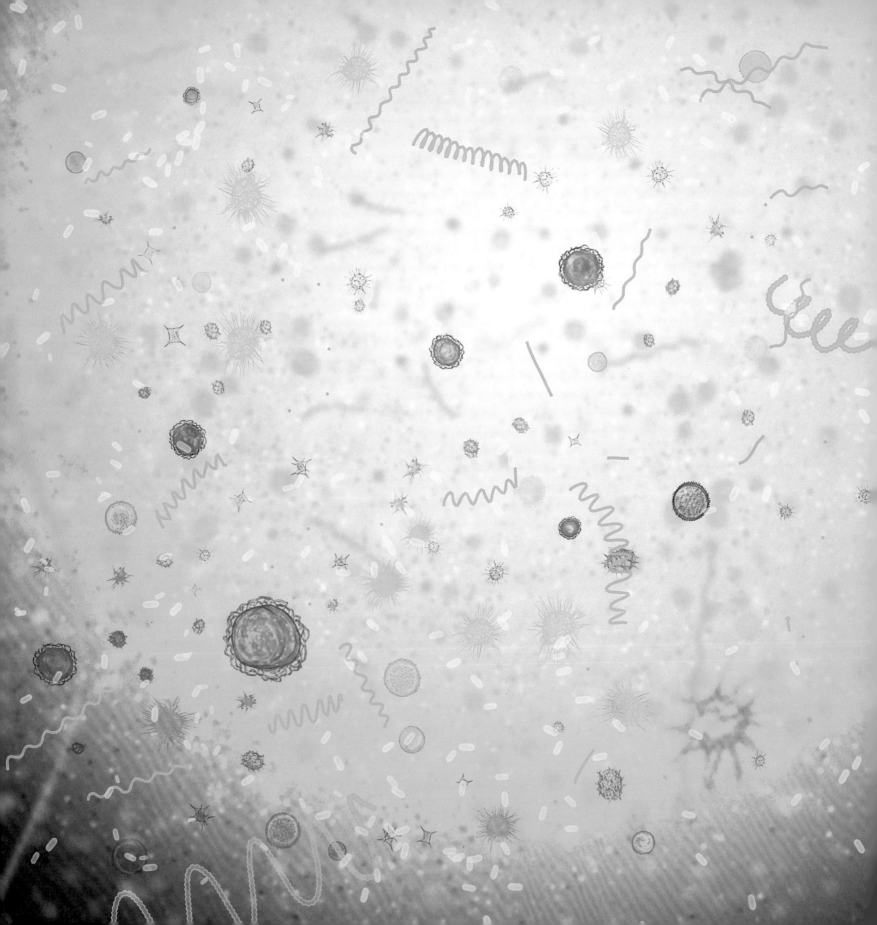

与全球变冷相比，这些全球臭氧的变化不过是场毛毛雨。氧气与甲烷相互作用，将其转化为热量吸收较少的二氧化碳。没有甲烷之后，气温骤降，地球被速冻。红色的荒漠上开始降雪，大陆被冰川覆盖。地球历史上规模最为宏大的一次冰川作用开始了，它整整持续了两亿年。整个陆地有几次都完全被冰雪覆盖，海洋也全部覆冰。

地球遭遇了历史上的首次灭顶之灾。在结冰的湖水下，在火山口底下的冰窟窿里，细菌们的生存尤为艰难，那些宜居之地早已被细菌和古细菌们挤爆了。

在这样的条件下，生命实际上是无法生存的。因此，有些细菌找到了一条出路，就是吃掉其他细菌。有些被吃掉的生物到了其他细菌的身体内部还仍旧活着，于是出现了非常复杂的微生物群落——我们的祖先，第一批真核生物。这是一个全新的群体，具有一个非常重要的特性：它们是有细胞核的。这个细胞核是干什么的呢？就是被吞噬的细菌为了继续保存自己的基因信息，以免被转化成别的细菌。

其中有些早期的真核细菌吞食了利用氧气产生能量的细菌。后者同样没有被转化，而是在其体内存活下来。

这使得真核生物学会了在氧气环境下积极生存。它们开始使用氧气，于是产生氧气的化学进程被成倍成倍地加速了。氧饱和的真核生物所具有的能量，是无氧古菌从周围环境中获得能量的数十倍之多。

真核生物成了超级生物，虽然在我们今天看来还是很差劲：它们不过是一些卵形的小碎片，长着小尾巴、小腿儿和纤细的绒毛。

在显微镜下观察一滴来自"十亿年前无聊时代"的海水，大约可以看到这样的场景：里面有无数的微生物，主要是些悬浮停留在盐水里的细菌。

它们通过摆尾抖腿和摇摆纤毛来捕食周围的细菌，然后吞噬它们，消化它们。

地球的冰冻，氧气革命和真核生物的出现，三者之间是相互关联的。三者经历了相当多次的剧烈变化，之后是一段漫长的沉寂，学者们将之称为"无聊的十亿年"。这期间好像连火山都变得消停了，不再喷发。正如地质学家所说，在地球历史上还从来出现过这样的景象，在如此漫长的时间片段上，发生的大事却寥寥无几。

从 18.5 亿年前到 8.5 亿年前的整整十亿年间，地球上没有发生任何冲突。环境开始安定下来，氧气也缓慢而平稳地积累，全球的冰封逐渐消融。冰川纪结束之后，地球的气候变得稳定，而且整体来说很温暖。海洋很像双层果冻：顶部是氧气层，底部是无氧层。现在黑海的结构也与此类似。

大陆在有节奏地移动，进化也在不紧不慢地推进。

在深水里散居着一些真核生物，特别是单细胞藻类：疑源类。它们被坚硬的有机外壳包裹着。在"无聊的十亿年"里，同一种形式的疑源类可以存活四亿年之久。这着实长久得可怕。这些疑源类的外形有点像钢珠或像长条形的面包。有些硬壳带有小孔，有些长满尖钉和硬刺。这些尖钉不仅可以防御敌人，还可以增加外皮面积，帮助它们在水中漂浮。

"无聊的十亿年"终止于真核生物的几项重大发明。一是建立起了一个细菌联合体的细胞群，二是学会了联合成多细胞生物。但这两个联盟机构的区别还是巨大的。

细菌群是建立在民主原则基础之上的。单个的机体各自为生，与此同时也会与一些其他细菌分享福利。从某种意义上说，这是一

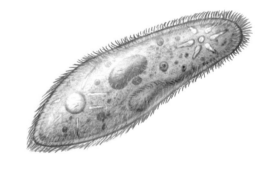

从外表看，早期的真核生物像纤毛虫。它们曾是地球上最复杂、最先进的有机体。而现在，类似的生物却被我们称为最简单的生物体。

种自由居民之间的联盟。而多细胞生物则是一个集权主义王国，每一个成员都有各自的使命，被指定完成份内的一系列特定功能，某些细胞的一部分基因会被强行关闭，而另一些细胞则会关闭别的基因。

第一批多细胞生物看起来像是由几个细胞串成的项链或者珍珠。它们的出现导致了真核生物的飞速繁殖，真核生物的新外形也越来越多，最终形成了三个大的王国：菌类、藻类和动物界。

藻类的出现应该算是早期最成功的了。某些藻类很快长到数米长。与微观细菌和古菌相比，这样的长度简直让人难以置信。

动物在刚出现的时候样子都很奇特。后来挖掘出土的一些神秘残片，给科幻作品提供了无限的想象空间。它们通常看起来像是一些小棍儿、小点儿、小线条、小弯儿。迄今为止，这些被挖掘到的来自神远古时代的神奇之物，可以堆成一个动物园。

在美国发现了奇怪的霍罗德斯基（*Horodyskia*）遗骸，它们看起来像一条有缺口的项链。在中国挖掘出一片糊状的长柄形叶片，被取名"龙凤山藻"。在挪威找到了它的分支，叫"达琳"。来自斯匹次卑尔根群岛上的"小蠕虫"叫"瓦尔基里亚"，而来自俄罗斯季曼岭的，叫"帕尔米亚"。

地球上的生物之间发生了重要的生物分离。叠层的细菌群落占领了整个温暖的海洋，它们学会了通过在水中释放毒素来保护自己，不让藻类、菌类和其他生物入侵其地盘。

而真核生物的居住条件完全不同。真核生物生活在地域同样宽阔，但较凉爽的高纬度地区。冷水更适宜氧气的存在，对真核生物也更有利。冷水中活跃着微小的纤毛虫和阿米巴虫，各种藻类也在

地球上的第一批掠食者要在显微镜下才能一睹尊容。但在古菌的世界里，它们的可怕和危险程度，都远远超过我们在任何一部恐怖片里看到的怪物。

水里自由自在地摇头摆尾。

但是很快地球上又爆发了第二次酷寒冰冻，使得细菌王国再次遭受重创，但真核生物却是异军突起，挣脱重围，迅速遍布了整个星球。这次的酷寒持续了 2 亿年，是地球历史上最为严重的一次。

像往常一样，冰川纪反而孕育了无限生机。酷寒一直持续了 2000 万～3000 万年，然后气候稍稍回暖，但随后更漫长也更厉害的酷寒又再次来袭，并且再次持续数千万年。此时的地球几乎变成了宇宙中的一片雪花。在酷寒峰值期间，冰雪表皮的厚度达到 2～3 千米，覆盖了地球 70% 的地区。冰川缓慢地朝海洋飘移，像剃刀一样将沿途的山丘和高地夷为平地，各大洲由此变得像足球场一样平坦。

在气温回暖期间，生命体会倏尔闪现，电光火石般地产生出新的物种。而到了严寒期，进化仿佛被按下了暂停键。

每一次的冰冻都会使真核生物将更多的细菌驱逐出局。首先，这是因为细菌都不耐寒。其次，它们也厌氧。由于水温冷却，海水的分层（表层含氧，底层无氧）发生了变化，混合在一起，氧气开始向最阴暗的海水深层渗透。

冰川纪接近尾声时，叠层石几乎全军覆没，只在一些极其糟糕的地方略有残留，如硫黄泉、干燥的潟（xiè）湖、没有光照的海洋或湖泊的深处等。从那时起，它们极少在海洋里现身。通常说来，在大范围灭绝的时候，真核生物仿佛就是为元古宙时期的战败报仇雪恨一样。因此，叠层石被贴上了"扫把星"的标签。

此次冰川纪最为严酷的时期结束于 6.2 亿年前。此后是元古宙的最后一段——震旦纪（又称文德纪）。

微生物垫匍匐着一只柔软的狄更逊水母（Dickinsonia）。它的厚度和大小像极了一只胖乎乎的烤饼。它们以微生物垫为食，用自己躯体下部覆盖的纤细绒毛刮平微生物垫。

由于气候变暖，冰川开始融化，世界大洋的水位也被抬升了。水域辽阔的浅海淹没了陆地边缘。而陆地底部是平坦的，因为在此之前冰川已经长驱直入，将这里夷为平地。

得益于冰雪的快速融化，河流和小溪将数量庞大的各种化学元素都带进了海洋，这些化学物质充当肥料，创建了一个营养丰富的环境。

海洋、湖泊、水洼里的水变得异常营养，宛如一锅浓稠的肉汤。水里充满各种可以在巨大冰川中幸存下来的生物。水底长满了由藻类和微生物构成的多层地毯——微生物垫。它们是稠密的薄膜，甚至可以被扯下来，像地毯一样卷成轴。

疑源类、阿米巴虫和藻类大量繁殖起来，第一批大型动物开始出现，它们都拥有柔软的躯体，没有外壳。有些能长到一米长，但一般的都跟我们的手掌差不多长。很多动物的对称很奇特。因为现代的动物都是镜像对称，即左右两侧是一模一样的：如果左边长了手，那右边也会长；如果左边是鳍，那右边也会是鳍。

文德纪的动物都是不对称的，它们的躯干部分有点像镶木地板，或是呈拉链状排列。它们的奇特之处还远不止于此。有些动物没有嘴也没有消化系统，还有一些压根没有内脏器官。它们有点像寄生物，现代有些动物的体内就有这样的寄生物。可能这些有机体也是寄生物，但它们不是动物的寄生物，而是文德纪海洋里的寄生物，那里的有机物质实在是太过丰富了。

文德纪的某些动物已经能够像蜗牛一样在海底爬行了。有些则是像地衣那样紧紧吸附在海底，均衡地向四周发展，或是将触角向身边撒开，像一株草莓。

文德纪的海洋生物中可以看到许多巨型生物，长度可以达到 2 米，外形有点像飞禽。总体说来这些有机体的大小基本上跟我们现在的盘子、碟子差不多。这些盘子碟子当中，很有可能有些曾经是我们人类最早的祖先。

有些动物看起来是不会死的。它们不会变老，只会变大，向四周扩展延伸。只有来自外界的重大灾难才可以将它们摧毁，如暴风雨、火山喷发、水底滑坡等，否则它们无法自主死亡。

文德纪的动物多样性不算太丰富。整个地球上仅有 200 来种动物。让我们来做个比较：即便是在非常贫瘠的黑海地区，现在也有 2500 种动物群，光是鱼类就有 200 种。

文德纪末期，气温发生剧烈动荡，直接导致了生物的大灭绝。那些非本地的动物彻底消失了，没有留下任何痕迹，也没有留下后代。在生命的舞台上，一些完全不同于以往的动物们粉墨登场了。

埃尼埃塔虫（*Ernietta*）生活在文德纪晚期的海底。外形上看起来很像一种叫捕蝇草植物的花萼。它们的底部隐藏在微生物垫上，上部则向外耸立。它们的进食很简单：直接用自己身体的整个上半部分吸收养分。

显生宙

5.45 亿年前至今

按照人类的生命折算，显生宙的地球相当于 35 岁（现在算是 40 出头）。微生物世界几乎覆盖了地球的整个历史：有时是带有细菌的古细菌，有时是带有单细胞真核生物的小细菌，而现在的生物世界更是大型而壮观了。

显生宙可划分为三个时期：古生代、中生代和新生代。它们持续的时长各不相同。古生代几乎持续了 3 亿年，中生代差不多 2 亿年，新生代 6500 万年多一点。

欧巴宾海蝎（*Opabinia*）是地球历史上最不同寻常的动物之一。它有 5 只眼睛，嘴上长着钳子，还有坚硬的鳍和尾巴。鬼斧神工得超乎想象，仿佛是欧巴宾海蝎们游弋在寒武纪的海底，它们用自己的长嘴拱开水底的巢穴，寻找各种蠕虫为食。

古生代

古生代时期发生了许许多多次重大事件。生命体屡遭重创，如太空撞击、超级火山喷发等。虽然如此，生命体还是爆发出勃勃的生机。海洋里的多细胞生物开始大范围繁殖，它们不仅成功霸占了广阔的水域空间，还开始向陆地进发，先是菌类和藻类，然后是各种蠕虫、蜘蛛，最后是鱼类的后裔。

寒武纪

寒武纪时期，地球的南部形成了一大块陆地：冈瓦纳古陆。它的轮廓有点像字母 V。陆地还是跟过去一样，几乎没有生命迹象，但是在沿海一带的潮湿沙地上，有一些只有在显微镜下才可以看到的海藻群落和各种颜色的苔藓，而在湿润的土壤里，活跃着一些细小的菌丝体。

有一种微小的海洋动物——浮游生物，它们发明了一种全新的处理废物的方法，使得海洋里的水变得越来越清澈透明。这些浮游生物学会了通过游动，将食物装入囊中，就像我们把废弃物收拾到垃圾袋里一样。废弃物不再跟浮游生物绑在一起，而是被沉入海底。文德期浑浊的"海水汤"不再，取而代之的是寒武纪清澈透明的海水。

于是，海水中的光线更充足了，这使得海藻和动物们的栖息地愈加宽阔，也加速了它们的进化。骨骼革命（这是一个科学术语）来临了。在寒武纪时期，几乎所有的动物，甚至包括蠕虫，都穿上了铠甲。藻类也把自己裹进了盔甲里。

古生物学家伊戈尔·尼古拉耶维奇·克雷洛夫曾开玩笑说：所有的动物们都穿上了衣服。这些衣服的成分各不相同。绝大多数有机体选择碳酸盐和磷酸盐建造甲壳或介壳，也有少量使用二氧化硅的。用碳酸盐（文石和方解石）生成坚硬的躯壳要简便得多，连细菌都学会了这一招。但这种结构的强度不够坚硬耐用，如果动物们爬行速度过快，甲壳就会被溶解。

寒武纪的动物发展非常迅猛，各种动物王国开始大量出现。这一事件被称为寒武纪大爆炸。

如果需要强有力的钳子、锋利的牙齿，或是坚固的身体内部骨架，没有磷酸盐的参与是万万不行的。磷酸盐这种矿物质的强度是碳酸盐的数千倍。因此，具有磷酸盐骨架的动物成为最灵巧，也最危险的掠食者，其中包括拥有脊椎的你和我。

此时的"居民"与已消失的文德期动物相比，无论是外壳，还是身型大小都有了区别。跟文德期动辄几米长的动物们比起来，这些身披铠甲、只有几毫米长的生物，看起来简直像侏儒。

寒武纪的第一批动物极其渺小，它们被统称为"带壳的微型动物群落"。它们中最大的也不会超过几厘米，绝大部分都只有几毫米大小，有的像小针或小塔，有的像小喇叭或小管儿。

如果把寒武纪早期一小块拳头大小的石灰岩溶解在酸液中，可以在显微镜下看到成百上千个这样的小海螺。直到最近才弄明白它们的归属属性，它们属于罕见的古老软体海绵动物，是一种蠕虫。

到了寒武纪中期，微型动物的体格稍稍变大了一点。通过对环境的成功整合，它们以更卓越的方式被保存了下来，这在它们的软组织，如鳃和触角上有突出表现。这些迹象表明，很久很久以前的大自然曾兴致勃勃地大搞发明创造，创造出寒武纪的奇妙世界。

在后来的加拿大、中国、西伯利亚和西班牙的浅海区，一群怪物蜂拥而至，它们仿佛是受到了惊吓，从杰罗姆·勃斯的油画中跑出来的一样：蠕虫的腿上有爪，节肢动物长着可伸缩的长鼻，可以像天线一样，把自己缩进自己的体内。

文德期的动物形式单一，到了寒武纪却变得惊人的丰富。这一进化的直接推动者，就是匍匐游弋在海底的那些掠食者。它们的数量惊人，而且第一次获得了视觉。一些受害者也完成了某些新发

古老的软体动物马杰维亚（*Matthevia*）样子像蛞蝓，它的背上可以一下子伸出八节甲壳。现代的甲壳动物乌蛤也有这样的结构，它们背上的甲壳可以变成完全实心的铠甲。

明。例如，它们身上的铠甲有棱角，可以折射光线，从而把其他动物变成一个光斑。许多从掠食者嘴里侥幸逃生的动物，一改过去静止不动的生活特性，学会了游走和爬行，还学会了在海底行走和在淤泥里刨坑。

真正的海洋霸主是数量多得惊人的蠕虫。它们浑身长刺，样子很像豪猪，在海底横冲直撞。有些后腿直立，前爪在水里划行，用自己长长的纤毛捞取营养物质。洞穴里藏着一些掠食性的头足类蠕虫，它们的样子像极了《星球大战》里的巨型蠕虫的同类。它们的咽喉部位长着成百上千颗牙齿，头足类动物可以扭动嘴巴，并在嘴巴的帮助下在水底爬行：它们将牙齿吸在淤泥上，拖动身体前行。蠕虫的这一特性直到现在几乎都没有改变。

经过蠕虫对海底的开垦，海洋里的农业革命（这也是一个科学术语）开始了。土壤里的氧气变得异常丰富，成为动物和藻类的新栖息地。淤泥里聚集了成百上千的生物，它们贪婪地吞噬陷入其中的有机肥料，如几截尸体躯干，一些细小的海螺，各种菌类、藻类，或是小虾小蟹。

除了蠕虫之外，寒武纪的出色居民要算是节肢动物了，主要是三叶虫。大多数节肢动物的甲壳都是几丁质的，但三叶虫的壳是方解石的。方解石能够以化石状态得以更好的保存，所以，在地球的地质年代编年史中，数以百万计的三叶虫甲壳得以幸存，甚至连它们像蜻蜓一样的复眼也被保存下来。这些复眼也是方解石的，每一只复眼的尾部都是一个独立的晶状体。像这种含有钙质的眼睛晶体，只在海星和蛇尾纲身上有，但后者的眼睛形同虚设，它们几乎什么也看不见。

"怪诞虫"这个名字的词源意思是"引起幻觉"。这是一种极微小的蠕虫，身形如同一根火柴大小。它有长长的脖子，柔软的脚，背上长着尖尖的刺，身体的尾部有两个小爪。怪诞虫向前伸出细细的触角探索着前行，寻找淤泥里的食物。

三叶虫的眼睛呈蓝色，到了暗处会发光。别看它们的眼睛很大，而且结构复杂，但视力还真不咋地。不过用这样的眼睛测算其他掠食者，或是其他猎物的运行速度和移动方向还是绰绰有余的。这是一个很有用的技能，寒武纪还没有哪个动物掌握了这个独门秘笈。

很多三叶虫都是很凶残的。有一次发现了一枚极其珍贵的寒武纪化石，堪称古生物学上的惊悚大片。化石残片上留有两条痕迹：一条来自头足虫，另一条来自三叶虫。两条痕迹已经被石化，痕迹先是交叉，随后只剩下其中一条——三叶虫。显然，它把沿途遇到的蠕虫给吞噬了。

寒武纪时地球上出现了许多暗礁。现在的暗礁不是由叠层石构成的，而是由一种特殊的生物群——古杯海绵构成的。它们的骨骼由很多方解石组成。

古杯海绵和数量惊人的蠕虫世界存在了数百万年之久，直到寒武纪中期，大自然又再次发威，爆发了一场旷世灾难。在后来的澳大利亚那片区域，有一座超级火山爆发了，其威力波及整个澳大利亚大陆 1/4 的地区。火山喷发增加了海水的酸度和海洋的温度。

海洋里的古杯海绵绝迹了，节肢动物数量也锐减。不过此时出现了一种新型的食肉动物：牙形刺（牙形虫）。

西伯利亚曾经是地球上的多物种中心。在今天的萨哈共和国沿线，有一条绵延 2000 千米的巨型古杯海绵暗礁带。暗礁附近是一片热带浅滩，那里有个重要的"生命之锅"，从那里诞生了越来越多的新型动物和藻类，它们后来分散到了地球各地。

牙形刺（*Conodonts*）是一种已经绝迹了的脊索类动物，你我也是脊索类动物。牙形刺的外表像蛇，长着一双大大的眼睛。所有的牙形刺都很凶残，有些还有毒性。

黛安娜牙形虫有个绰号"行走的仙人掌"。它的体格很小，长度只有一截小拇指那么大。它有蠕虫一样柔软的躯干，长有 20 条腿，身上覆盖着坚硬的增生物。它们终日在海底游荡，以各种微小的动物为食。

张腔海绵属（*Chancelloria*）是一类很神秘的动物，它的内部结构像珊瑚虫，而外部又长得像仙人掌。它们无法行走，肉呼呼的身体固定在海底，向上直立，像一株植物。

在奥陶纪发生了显生宙时期太阳系最大的一次灾难。

在火星和木星之间有一个叫埃罗斯（希腊神话中的小爱神——译者注）的巨大小行星轨道。埃罗斯的大小跟月球差不多。4.7 亿年前，一颗比它更小的行星约斯杰尔普兰娜与它迎面相撞，两个星体顿时土崩瓦解，灰飞烟灭。它们的残骸飞散到整个太阳系，并坠落到其他行星上，其中也包括地球。巨大的陨石雨持续了 200 万年。每个夜晚，天空中都如同电光火石一般，坠落成千上万颗燃烧殆尽的流星雨。

随着陨石雨的逐渐消退，过去的瓢泼大雨变成了纷飞的小雨，然后又成了毛毛细雨，但一直延绵至今，而且也不知陨石的坠落何时终止。即使到了今天，坠落到地球上的陨石中，仍有 20% 来自埃罗斯和约斯杰尔普兰娜的残骸。

爆发宇宙大灾难的时候恰逢生物大繁荣的开始。如今，无论怎样厉害的宇宙灾难都阻挡不了生命进化的滚滚洪流。奥陶纪新出现的各种动物门类增加了两倍之多。浅海面积的扩大给这一切提供了便利。在冈瓦纳古陆周围分布着一些大型陆地，还有许许多多小型的微大陆：圣劳伦斯、波罗的海、佩鲁尼克、哈萨克斯坦、阿莫里卡、古黑海大陆等。所有这些小型陆地都被深度不超过 10 米，跟池塘差不多规模的浅海给淹没了。

此时最重要的事件，当属动物们普遍开发了水层。在此之前，它们主要是在海底或者淤泥里爬行。到了奥陶纪，许多动物开始向

广翅鲎（hòu）休米勒鲎（*Hughmilleria*）是最小的鳌肢类之一，它们几乎生活在地球的任何角落，从当前的爱沙尼亚到美国，都可以觅到它们的行踪。

翼肢鲎

广翅鲎亚纲（亦称板
足鲎亚纲——译者注）

莱茵耶克尔鲎

　　螯（áo）肢类动物是在志留纪才开始进入海洋生活的，后来它们又转为淡水区生物，向河流和湖泊发展。它们中有一些会笨拙地在陆地上蹦跳着行走。莱茵耶克尔鲎是这些螯肢类动物中体型最大的节肢动物，它们的长度可达 2.5 米。一般来说，螯肢类动物都有一个手掌大小。有些螯肢类动物属于掠食者，有一些则依靠腐屑为生，如死去生物的细小残骸，所以实际上它们充当了古老的水中清道夫角色。

没长眼睛的 *Aquilonifer*【一种类似三叶虫的节肢动物，可漂浮在水中，曾被误认为是一种寄生虫——译者注】身上长有小米粒，它们拥有一个惊人的本领：在特有的长茎上繁殖自己的后代，孩子们像许多气球一样环绕着自己的母亲。

上发展，学会了游泳，可以脱离浅海，开始探索更广更远的海洋，开始离海岸越来越远。

生物群落：笔石的数目尤其庞大，它们是现代羽鳃科的近亲。

笔石的外形像带辐条的大车轮子，车轮的链接带或是精巧的铰链呈螺旋状绞合在一起。每一个"辐条"或者"链条"上都有许许多多几毫米大小的"阳台"。从阳台上看，所有的触角都清晰可见。笔石就是利用这些触角去捕获浮游生物。该动物群落结构复杂，它们的身体不会在水里沉没，可以平稳地悬浮在水柱里，就像枫树的种子可以在风中飘荡一样。

跟笔石一起在水中游弋的，还有一种大型头足类软体动物，章鱼的远亲。它们长着笔直或稍稍弯曲的外壳，外壳里面有很多间隔。这些动物很好地运用了液体的水静力学原理，合理地使用这些间隔。它们通过将间隔里注满或放空液体来调节下沉的深度，跟潜水艇的工作原理一样。像所有头足类动物一样，它们是凶残的掠食者，是海洋里最危险的大型动物。有些动物的壳长达 6 米。

一般来说，海底的爬行动物三叶虫和鳌肢类动物体积都不大，跟我们的手掌差不多，但也可以遇到一些大型的。有些鳌肢动物可以长到 2 米长，它们的抓捕肢上长满了荆棘一样的刺，看起来像爪子。

水底的生命也同样在经历重要变革，出现了很多棘皮动物。现在我们熟知的海胆、海星、海参、海百合、蛇尾等，都属于棘皮类动物。

除了上面这些之外，奥陶纪还曾有过几十种已绝迹的动物目，有些非常奇特。例如，有一种长得像海星，跟气球一样会飞的小花

头足软体动物：内角石目动物是奥陶纪海里最大的居民。它们可以长到 6 米长，外形很像一支铅笔，壳的厚度不会超过关节。内角石目动物靠浮游生物为食，这些浮游生物像悬浮物一样，在厚厚的海水里游弋。内角石目动物通过收紧膜片使触角拉紧，形成一个漏斗，用来捕获幼虫或者虾群。

梗，顶着一个贝壳发型，很像梳着鸡冠头。

无脊椎动物的数量庞大，名目繁多。跟它们比起来，脊椎动物反倒显得不值一提了。除了牙形刺之外，浅海里还有一种极其细小的无颌类动物，它们是鱼类的近亲，长得像水族馆里的虹鳟鱼。

这些无颌类生物像小龙虾一样，全身被甲壳包裹着。甲壳的成分是磷酸盐，有点像我们的牙体和牙釉质（顺便说一下，我们的牙齿最开始是来自古老鱼类的鳞片）。

这些无颌类生命在海底的最下层缓缓地爬行。看起来它们不是在爬行，而是像受损的坦克一样艰难地蠕动。它们是一种过滤器，将水底层的水吸入身体，然后过滤掉生活在水里的小生物。

奥陶纪末年，再次爆发了一场劫难：严寒和冰川再次骤然降临，许多地方的陆地被厚厚的冰层覆盖，赤道的水温从 40℃ 骤降到 17℃（现在赤道的水温是 28℃），很多嗜热动物死了。

但是有这么一个有趣的模式：每一次严酷的冰川结束，生命的发展都会出现一次飞跃。这次也不例外。奥陶纪的冰川融化后，出现了短暂的志留纪。志留纪发生的最大事件就是各种生物体开始大肆侵占陆地。

海岸边长满了地毯般丰沃的苔藓、陆地藻类和各种各样的菌类，其中就包含第一批陆地植物的萌芽。紧随植物之后，陆地上开始出现多种节肢动物：盲蛛、蝎子、某些小龙虾（如潮虫）和角怖目蜘蛛等。还有些类似蜘蛛的带壳动物，长着很小的眼睛，它们的眼睛是长在额头中间的。所有这些动物都独立完成了登陆这一伟大创举。

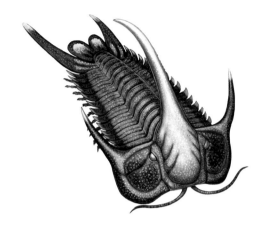

三叶虫是古生代最常见的动物。它们的种类有 1.5 万种之多。有些三叶虫是没有眼睛的，它们一辈子在淤泥里爬行；有些却长着大小各异的眼睛，可以看到细小得如同一个小点的碎屑，也可以看到长达 70 厘米的巨大目标。三叶虫通常是浑身长刺的。有眼三叶虫的蓝眼睛上覆盖着甲壳状的鳞皮，黑暗处可以发光。最稀有的三叶虫是在东欧发现的叫做尼兹科夫斯基（*Nieszkowskia*）的三叶虫化石。

泥盆纪

4.17 亿—3.54 亿年前

泥盆纪持续了 6300 万年。

北半球的小型陆地联合成一块巨大的拉弗罗斯大陆，在南半球则是冈瓦纳古陆。这两块陆地在逐渐靠拢。

大部分陆地都被海水淹没了。数量巨大的海底蜘蛛替代了其他螯肢类动物和三叶虫在海底横行。到处都是成串的腕足类动物在乱爬，也有各种双壳软体动物。这些腕足动物也是一种过滤器，它们用纤毛上的触须将浑浊的悬浮物吸入身体。

无颚类动物要逊色贝类动物一筹。贝类动物身体的前半部分虽然覆盖着厚厚的铠甲，但它们已经有成对的胸鳍和腹鳍，所以它们的行动能力要略胜无颚类一筹。但是贝类动物也游不太快，因为它们体内没有鱼鳔。但它们最重要的进化是长出了下颚。

有些贝类已经长得身强体壮，它们逐渐把同样庞大的头足类软体动物从掠食者之王的神坛上排挤出局了。这些鱼的下颚长出了一层透明质（其作用相当于牙齿）。它们用强劲的下颚横扫其他鱼的厚壳、软体动物和腕足类动物的壳。

在一望无际的海洋边缘，是绵延的浅海，它们的深度跟水洼差不多。最原始的植物从有黏性的淤泥里生长出来，一直蔓延到视线的尽头。其中包括存活至今的石松，它们看起来像绿色的塑料小管儿。这些植物既不是水生，也非陆生，它们更像是水陆两栖的。它们的进化相当缓慢。例如，植物进化出叶子用了 3000 万年，植物的根也需要差不多的时间。它们的形成需要各种菌类的参与，这些

到了泥盆纪，有脊椎动物开始大举进军陆地。许多总鳍鱼亚纲开始尝试着离开水域并变成有趣的动物。在俄罗斯北部发现了一些奇特的半鱼半两栖动物颅骨，它们的鼻孔不是长在头骨上方，而是长在躯干的底部，身体的两侧。

菌用自己吐出的丝将植物的根须缠住，然后形成新的组织：菌根。菌根可以帮助植物从土壤中吸收水分和生长所需的其他成分。菌根是当前植物根系的雏形。

　　饱含水分的浅水洼沿不同方向绵延数百千米，构成了泥盆纪大陆的普遍景观。随后，陆地上出现了菌类王国，它们成为泥盆纪为人类所广为熟知的植物。菌类不需要人们去栽种，它们也不会对任何人构成威胁。它们就那样安安静静地生长数十载，直到长成巨型菌类。

　　为了能够到陆地上生长，地球上的菌类和植物进行了长期艰苦卓绝的重组。它们用根系和菌丝紧紧扎根在海洋和河流沿岸，由此形成第一批土壤，而土壤是机体生长所需物质的存储器。直到现在，地下生态环境中的生物体数量也远远超过海洋和陆地。这一领域虽然体量庞大，却鲜为人知，它们正是在泥盆纪才开始形成的。

　　在长满马尾草、菌类和石松的潮湿草地上，一些节肢动物在缓缓爬行。命运垂青于多足纲动物，它们的数量最多。在许多泥盆纪时代遗址，到处都堆满了这些多足动物在蜕壳时期换下的皮，其数量以百万计。当时昆虫数量相对较少，而现在，昆虫是地球上无脊椎动物中数量最大的群体。在泥盆纪时期，昆虫生活在阴凉处，它们的繁盛期将在石炭纪时期稍晚的时候来临。

　　与此同时，最后一批动物群：鱼类，正准备从水域登陆。

　　在长满木贼属植物和石松的浅水地带，生活着一些特殊的，长着肥厚鱼鳍的总鳍鱼。这些总鳍鱼在海底爬行，穿越植物障碍时，它们可以用强劲的鱼鳍支撑在海底，推动鱼身向前游动。现在我们可以看到儿童在浅水区域学习游泳时，也会用手支撑在水底，就像

第一批陆地上的植物：裸蕨（jué）。它们的外形不同寻常，像树顶结着小花蕾的植物。

古老的鱼类一样。

总鳍鱼的鱼鳍很像肥厚的"脚蹼"，它们后来分出了脚趾。这些鱼从来没有踏足过陆地。它们曾经是大型的水中掠食者。它们又有何必要抛弃水域呢？要是到了陆地，它们就真的只有死路一条。

首先，它们的身体结构无法承受陆地的可怕负荷。水的浮力使得它们的身体重量变得几乎可以忽略不计，要是到了陆地，它们的体重可能会让它们甚至连呼吸都不畅。

其次，哪怕总鳍鱼类学会了在陆地上爬行，它们恐怕也同样是死路一条，因为它们的身体覆盖着普通的鱼鳞片，到了陆地会很快变干而亡。

再者，即便它们可以解决以上两大问题，它们也会饿死：鱼嘴的结构让它们无法吃到地面上的任何东西。到了陆地，总鳍鱼类简直连嘴都张不开，因为只要它们一张嘴，下颌就会触到地面。

总鳍鱼类数量众多，它们以水中的节肢动物和各种小鱼为食，这些动物生长在含水量异常丰富的沼泽深处，那里的水都深及膝盖。在这些总鳍鱼的不同系列、不同群体中，出现了两栖动物的不同体征。有些鱼的鱼掌分出了脚趾，有些长出了可以活动的颈部（鱼的颈部与头部是紧密铰接在一起的），还有一些鱼的背鳍和鳃逐渐消失了。但这些鱼类从未想过要向陆地进军。总鳍鱼和它们的后代们在温暖的浅水区域生活得无比安逸，那里有丰厚的食物：小鱼、蠕虫、软体动物等。所有我们熟知的鱼形祖先都曾经是掠食者。

正如以往那样，大灾难会催生大进化。

到了泥盆纪末期，那些不久前还挤在湖边、海边的植物，忽然

一类盾皮鱼叫霍洛尼玛（*Holonema*），曾是真正的世界主义者，在地球的所有地方都有它们的残骸。最大的霍洛尼玛鱼墓地是在俄罗斯的库尔斯克州。它们的壳由 50 块薄片组成，它们相互支撑成为一个整体。鱼死后，这些薄片彼此散开成碎片，于是古生物学家能在各处找到这些残片。

泥盆纪的上半叶，陆地是各种菌类的王国，尤其是原杉藻（*Prototaxites*），看起来特别不同寻常，它们可以长到 10 米高（这是路灯柱的高度）。菌类与植物的区别在于，它们无需太阳光，原杉藻以微生物垫为食，从中吸收营养物质。

间开始向山区进军了（即：占领了山丘），很快形成了气势磅礴的古蕨森林，这是一些高达 30 米的树形蕨。

古蕨可以通过树身传送大量水分。地球上空漂浮着大块大块的积雨云，它们通过降雨，将水分带到陆地深处，滋润了沙漠，为后来植物群的广为扩散储备了场地。

植物变得越来越多，它们的根系破坏了山区的岩石，这使得大量的矿物质被释放出来，这些矿物质又通过河流被运送到海洋。矿物质充当了肥料的作用，将海水变成营养丰富的营养液。藻类开始疯狂地繁殖。到了泥盆纪晚期，海洋变得像植物茂盛的池塘，上面覆盖着厚厚的绿色青苔。

整个地球上的海洋都变得欣欣向荣，又开始了新一轮的大范围物种灭绝，贝类和许多无脊椎动物彻底灭绝了。大气中的氧气被用于去氧化和分解死去的生物，空气中的氧气含量降到 10%，但这还是远远超过了水里的氧气含量。水里的氧气量明显不足，迫使一些沿岸的鱼类为了吸氧，不得不把鱼嘴伸出水面，并最后驱使它们直接着陆。

许多总鳍鱼也就是这样被迫来到陆地进行短暂呼吸。有一种叫做"亚当鱼"的，是陆地上形态各异的各种有脊椎动物的雏形，之后出现了数以百万计的"亚当鱼"和"夏娃鱼"。所有陆地上的脊椎动物都是源自这些鱼类。

泥盆纪最普通的鱼是浑身被坚硬外壳包裹的有壳鱼类。很多鱼身上长刺，很像从红色沙地上游来的甲胄鱼（*Kujdanowi-aspis*）。还有一些长着奇特的鱼鳍，很像射箭后面的羽翼。它们在水中畅游的原理，跟现在的苏-47 歼击机的飞行原理是一样的。

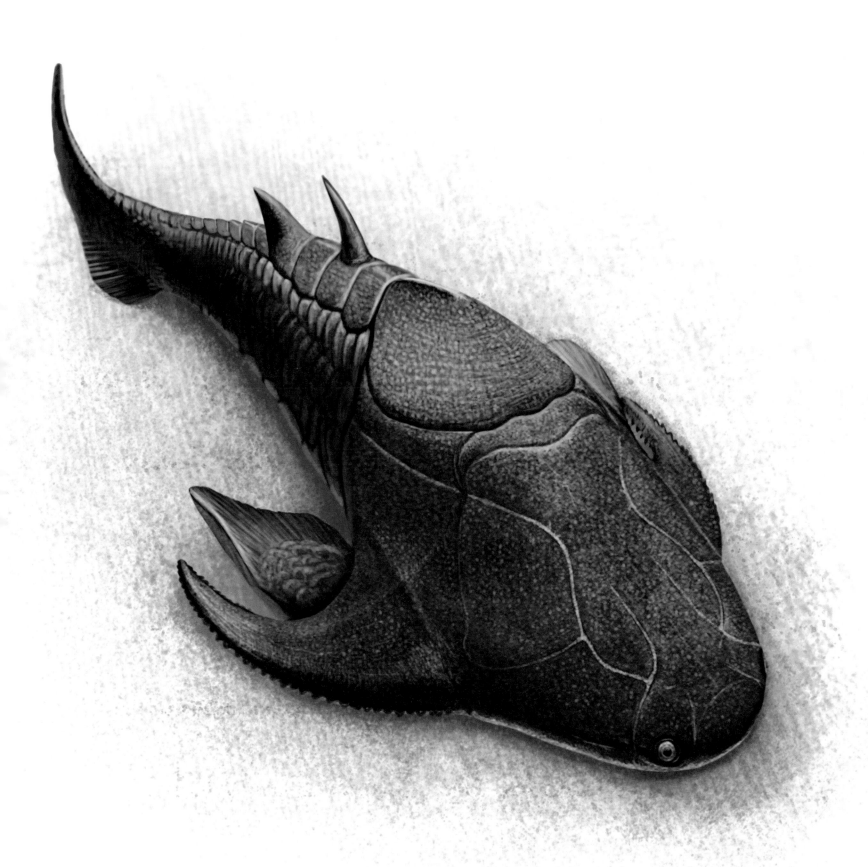

石炭纪

石炭纪出现了历史上第一批植物带，各种各样的植物群占据了陆地上的辽阔区域。

在如今的西伯利亚、哈萨克斯坦和蒙古地带，干燥的原始森林在 5 米高的科达树间沙沙作响，它们的样子很像圣诞树。树木的年轮记录了这里的季节更替。这些原始森林里会有几个月时间被极夜所笼罩，树梢上会有北极光闪现。那里大约只有一些无脊椎动物，如蜘蛛、蝎子和昆虫等，而爬行类和两栖类动物是不存在的。

第二个植物带处于亚热带，即今天的东南亚和中国。

第三个植物带在南极圈附近，那里是长满苔藓、小木贼和石松的冻土地带。

第四个植物带最大也最有名，在如今的欧洲和北美地带。这里是热带雨林，在温暖的蒙着水雾的泥沼上，一些树形的石松、蕨类和木贼直插云霄，它们可以长到 50 米高（这已经是 17 层住宅楼的高度了），它们结的"果实"（蕨类植物是不结果的。此处的"果实"实为孢子囊穗——译者注）也有西瓜大小。有些树形植物的树干内部是空心的，有点像下水管道。有些树长着奇特的树皮，有点像鱼或者蛇的鳞片。大多数的树干不是褐色的，而是绿色，因为实际上它们也只是蕨或石松的茎。树的外皮周期性地凋谢又掉落，就像我们现在的树木要落叶一样。只不过在遥远的古代，落下的不只是叶子，而是整棵树都倒下。

已经灭绝的石炭森林虽是外来物种，但我们未必能够将它与现

石炭纪时代到处都是蕨类植物的森林，它们的样子跟当今的蕨毫无二致，都有小清新的树叶，都呈现出宽宽的三角形。

在中印半岛或者亚马逊热带丛林区分开来。热带地区至今都可以找到奇特的树形蕨，还有长有绿色"树干"的攀爬植物。但我们或许可以发现空气成分的不一样，差别还是很大的。

石炭纪的树林里积累了数十亿吨煤。倒下的原木数量巨大，没有谁有足够的时间去分解它们。再说这些木材的质地都很坚硬，又缺乏营养，细菌和昆虫都奈何它们不得，于是树干和树皮就囤积起来，变成了泥炭，随后又变成煤炭。地球上的主要煤炭沉积就是这样形成的。

煤炭沉积的出现带来了一些重要的影响。植物生长需要从空气中吸收碳元素，它们死亡、腐烂之后，又会将碳元素返还给大气。但到了石炭纪，这个过程没有发生，因为碳元素以煤的形式返回给了土地，所以大气里的氧元素被积累下来。广阔的热带雨林使得氧气含量急剧增加。在森林里呼吸会变得非常舒畅，但由于氧气含量过高，有时也会出现头晕等醉氧现象。

昆虫排挤掉其他节肢动物，成了陆地的"老大"。那时候还没有出现飞禽，昆虫也没有学会鸣叫。地球还是寂静无声的，只有风吹动树叶的沙沙声和小溪流水的哗哗声。但一场巨大威胁还是悄无声息地降临到了陆地上的节肢动物王国。

昔日那些熙熙攘攘住在热带雨林潮湿水边的鱼类，开始心安理得地捕食蜘蛛、蜈蚣和蟑螂。体格庞大的节肢动物数量激增，那时的蟑螂有猫那么大，蜈蚣有蟒蛇那么粗，蜻蜓有老鹰那么威武。当时的空气密度比现在要大，大气成分为它们提供了便利。昆虫用特殊的气管呼吸，大气中的氧气越多，昆虫的成长就越快。

氧气量的增大导致了全球变冷。持续了整个泥盆纪的夏季结束

蛛鲎属（*Megarachne*）是一类奇特的螯肢类动物，很多年来它们的残骸一直被误认为是巨型蜘蛛的，甚至它们的名字都是"*Megarachne*"，意为"巨型蜘蛛"。

石炭纪时期，昆虫的体格都相当庞大。蜻蜓的同类——巨脉蜻蜓是其中体格最大的一种。它们的眼睛有网球那么大。

了，泥盆纪的秋季来临了，然后是泥盆纪的冬季。泥盆纪冬季的非洲、印度、巴西和阿拉伯都覆盖着厚厚的冰壳。南极圈附近的巨型冰川在生长，跟现在的南极洲类似。海水和洋面上漂浮着成千上万的冰山。

通常说来，严寒期间总会穿插几段回暖时间，然后严寒又卷土重来。冰川的规模也会发生相应变化。严寒时它们会吸入大量水分，体积于是变得庞大，地球上的海水会由此减少。而到了回暖时节，冰川会融化，大洋的海平面会增高，陆地重新被海水淹没。

整个石炭纪的下半叶，大洋的水面一会儿抬高 100 米，一会儿又下降 100 米。地球海水也随之发生潮汐现象：一会儿洪水泛滥，一会儿海水骤降，然后又再次洪水滔天。

大气层消耗的碳越多，氧气的饱和度就越高。这一方面对大型昆虫有利，另一方面也极易导致火灾的发生，因为氧气是可以助燃的。在石炭纪时期，地球上爆发了整个地球史上最大规模的火灾。至今都存有那些火灾的遗迹：在某些地层蕴藏着特殊形式的木炭，它们必须达到 400℃～600℃的高温才可以出现，而在其他层发现的都是些炭灰。

植物为了适应火灾不得不发生一些改变，它们的树皮开始增厚变硬，变得阻燃。孢子囊开始结到树的最顶部生长。木贼从石炭纪火灾中得到深刻的教训，它们甚至将耐火性的特质保留至今，它们几乎是无法燃烧的。

缺肢目（*Aistopoda*）这个名称的意思是"没有腿"。缺肢目动物是一种特殊的地面脊椎动物。它们不与任何动物构成亲属关系，是独立地从总鳍鱼类发展而来。如果说其他鱼类都在尽力将鱼鳍变成蹼，那么只有它们在特立独行，拒绝了这一改变，尽力保持自我。结果呢，它们的这一选择最终以失败告终：缺肢目动物很快走向了灭绝。

二叠纪时，太阳系穿行在银河系的大型恒星臂上，那里有许多超级新星。它们的光亮在夜空中汇聚成美妙绝伦的图案。

天上的星星闪烁着，如同新年的圣诞花环。此时，地球的两个最大大陆冈瓦纳大陆和劳亚大陆发生了迎面碰撞，连接成了一块统一的超级大陆——联合古陆。该大陆从北极一直延伸到南极。

联合古陆的形状有点像方形面包或是一个月牙形，它的中央是一片死气沉沉的荒漠，而在南部海洋里有巨大的冰川。班达拉斯海洋从四面八方冲刷着这块大陆，而在"方形面包"的内部有一小块特提斯海洋。

海水里的珊瑚礁在生长，海胆穿梭其间，而腕足类动物不紧不慢地在海水里蠕动身体。寒冷时代仍在持续，潮湿的蕨类植物和木贼树林渐渐消失，"针叶植物"王国开始出现了。在联合古陆的辽阔区域，生长着针叶林冻土带和针叶林原始森林。那时所有的树林都是针叶林，甚至那些深入海水腹地很远的"红树林"，也是针叶林。

在节肢动物与脊椎动物的战争中，后者占了上风。体型魁梧的昆虫和蜘蛛灭绝了，鱼类的后代成为陆地的新主人。直到现在，它们也一直是最大的陆地动物。

其中数量最多，品种也最丰富的是我们的远祖——兽类鳞甲动物，它们的进化很快。某些鳞甲动物学会了以植物为食，而要消化植物，这些动物们需要更长的肠管，也需要更大的躯干与之配套。于是地球上出现了第一批巨型脊椎动物，其体型与公牛和犀牛的大

许多昆虫的头部都装饰有喙。现在只有某些昆虫才长有奇形怪状的喙。古时候，昆虫的喙是各不相同的，它们有点像鹤、鸦和鹰的喙。其中有一种叫别尔姆拉利亚（Permuralia）的带喙昆虫，它们在二叠纪早期居住在现在的别尔姆边疆区。

小相当。它们的口腔里长满牙齿，舌头可以在平坦而光滑的上颚滑动，而许多兽类鳞甲动物的上颚却是另外的情形。它们的上颚长满了坚硬的圆形牙齿（用来打碎坚固的贝壳）或是锋利的锯齿（以便抓牢滑溜溜的水藻和绿苔）。

继食草的兽类鳞甲动物之后，掠食性动物的体格也大为加强了。对于那些原始的掠食者而言，它们与被捕食动物的体格是大致相当的。它们的捕食速度也很缓慢，它们的四肢结构无法让它们快速移动。古生物学家亚历山大·谢尔盖耶维奇·拉乌吉安曾开玩笑说，二叠纪世界的动物们平日里都是踱着方步的。狩猎的场面像是慢动作回放：掠食者踱着方步追逐猎物，被追的猎物也踱着方步躲避追逐。

兽类鳞甲动物在捕食时需要依靠视觉，它们的嗅觉很弱，听觉也很原始，某些动物要依靠腿来捕捉土壤的震动才能"听见"，在空气中传播的声音它们是接收不到的。或许，当它们在行走的时候，它们会暂时关闭听觉，不然会被自己的脚步声震聋。另外，一些兽类鳞甲动物是用下颚"听"声音的，它们的下颚长有巨大的鼓膜。它们嘴的颌骨上长有小听骨，震动的声音会通过张开的嘴传导出来。当这些鳞甲动物闭上嘴时，它们一个个就成了"聋子"。

动物们的这些进化，被一场突如其来的巨大天灾击得粉碎。二叠纪末年，发生了地球有史以来最大规模的一场物种大灭绝。

最开始的时候，地球内核发生了一些很重大的改变。大洋板块发生了移动，它们之间出现了裂缝，大量的水被吸了进去。海水从倾斜的联合古陆边缘迅速涌退，这直接摧毁了原本繁盛的海洋动物群落，三叶虫、一些螯肢动物彻底绝迹了，也给棘皮动物带来了毁

基龙（*Edaphosaurus*）是最早以草为食的陆地脊椎动物之一，准确地说，它们是以藻类为食。除了食草之外，它们也会吃些软体动物。基龙用长在上颚的坚硬牙齿将猎物的外壳压碎在自己的下颚里。实际上，它们的整个口腔内部都长满了牙齿。

灭性的打击。

大量的火山也苏醒了。查看二叠纪末年的火山喷发图很是让人心惊肉跳，因为它们简直是四处开花。在西伯利亚东部，巨大的炽热岩浆气泡线羽流从地壳深处升起。就在这座火山爆发的中心所在地，时间过去数百万年之后，通古斯陨石又再次坠落在那里。

线羽流（一柱状流体在另一种流体中移动）烧穿了地球外壳，使得地球的内部熔浆汩汩往外冒。熔浆刚刚冷却，上面又有新的熔浆冒出来。二叠纪的线羽流是地球有史以来最大的火山。凝结的岩浆覆盖了 700 万平方千米的广阔地域，这相当于整个澳大利亚的面积。熔岩凝结，有时可以形成高达 3.5 千米的高山。火山喷发出大量活性物质，其中就包括硫。氧气与硫发生氧化作用，导致大气中的氧含量锐减。

释放到大气中的各种气体加剧了"秋千气候"（这是一个科学术语）。地球一会儿被拉进火海，一会儿又被拽入冷宫。看二叠纪末年的气温表简直像是看心电图，气温忽高忽低，急剧地上上下下，落差可以有数十摄氏度。地球上下起了有害的酸雨，它们摧毁了森林，使得那里被荒漠所替代。

海洋里的水流被破坏了，氧气量也不足了。蓝细菌再次回归，开始构建"扫把星"——叠层石。

大自然遭受了前所未有的重创。90% 的海洋动物、70% 的陆地动物都从此绝迹了。

兽类鳞甲捕食动物"诺奇尼萨"和"戈雷内查"的名字，都来自俄罗斯童话故事里的形象：一个是凶恶的夜食者夜娥，一个是蛇妖。两者都生活在二叠纪下半叶，今天的俄罗斯基洛夫州一带。夜娥（前半部分）有雪貂那么大，蛇妖有狼那么大。这些鳞甲动物会像鲨鱼那样，不断地换牙齿，老的牙齿脱落后又会长出新的牙齿。就这样，它们可以永远保持满口崭新的牙齿。

二叠纪末期，火山开始大规模喷发，它们持续活跃喷发了近 10 万年。火山在全球范围爆发，到处都是熔浆喷涌。火山灰飘散到方圆数百千米的地方。在粉尘和灰烬的灰色云层笼罩下，一群二齿兽在蠢蠢欲动。食草的鳞甲动物与长着两只獠牙的动物即将展开一场恶战。

中生代

在中生代，爬行动物统治着地球。那时的气候很温暖，有时甚至还很炎热，这样的气候对爬行动物来说是非常舒适的。爬行动物已经成功适应了地球上的所有自然状况。

陆地上到处都是逍遥漫步的恐龙，它们是所有陆地脊椎动物中最典型的陆生动物，特别能适应陆地上的生活。

海洋里游动的不是恐龙，而是另一种完全不同的爬行动物：鱼龙、蛇颈龙和马赛克蜥蜴。

河流则是鳄鱼和乌龟的天下。天空中翱翔着的，是翼龙。

鸟类在地面和树枝上欢快地跳跃。严格说来，它们也应该算作恐龙。

在地下洞穴里，蛇和蜥蜴自由爬行。

爬行动物是无处不在的，中生代是它们的时代。

在经过了二叠纪和三叠纪交替时的大范围灭绝之后，原先长满植物的地方出现了各种菌类和藻类。那些不久前还被森林覆盖的地方，如今长满了霉菌、地衣、蘑菇和绿苔。这段持续时间不长的过度时期，被称为"菌类片段"。

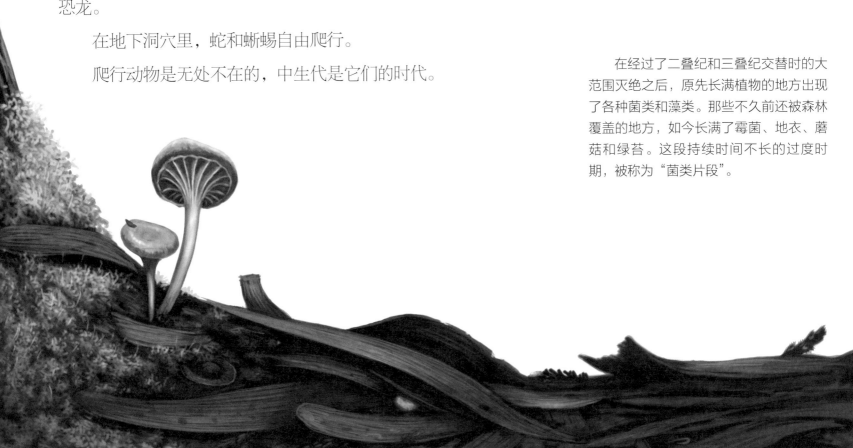

许多灭绝的海洋爬行动物是温血的。对沧龙的
牙齿进行化学分析后显示，这些爬行动物的体温有
33℃～36℃，这跟我们的体温几乎是一样的。有些
沧龙可以在北极海域的冰水中畅游。在楚科奇半岛
发现了沧龙的骨头，它们曾在北极圈生存，还可能
看到过白垩纪的北极光。

三叠纪

2.50 亿—2.05 亿年前

二叠纪大灾难之后，大自然进入三叠纪的前三分之一时代。

当时的氧气水平是现在的一半。如今，如果想要了解"三叠纪氧气情况"，您可以去海拔 4500 米的山区去体验体验，例如西藏。旅行者在那里通常都会感到不适，总是觉得昏昏沉沉，萎靡不振，无法排遣疲劳和嗜睡。西藏的这种体验，在三叠纪时期几乎无处不在。

二氧化碳代替了大气中的氧，导致温度急剧上升。这是显生宙最为干燥、最为闷热的时期。赤道处的海洋表面温度被烤到了 40℃，陆地的温度也徘徊在 50℃～60℃。

大部分联合古陆的超级陆地都是没有生命迹象的，那里只有沙漠，从来没有过降水。潮湿的云没等到降落到地面，就在中途被蒸干了。在赤道，生命也几乎荡然无存。温带地区有一些原始的生命形式。生命的发源地主要保存在凉爽的两极附近，其中包括现代的俄罗斯境内。这里生长着一种针叶林，它的颜色很特别，是海浪的颜色。树木的针叶上覆盖着一层蜡质保护层，可以防止树叶变干。正是这层蜡质让树叶呈现出蓝色。

三叠纪初期，动植物在形式上没什么区别。在二叠纪大灭绝中最终得以幸免于难的，都是那些最不娇气最皮实的生物。

水中兽类鳞甲动物［长得像水獭（tǎ）和麝香鼠］的灭绝，导致了两栖动物的复兴，虽然看起来两栖动物在自然界中应该不会再起到重要作用了。数以百万计的两栖动物——迷齿龙在河流和湖泊

三叠纪中期，在非洲生活着阿希利龙（*Asilisaurus*）。它们跟恐龙是近亲，甚至有可能就是恐龙的祖先。阿希利龙的天敌是巨型引鳄（*Erythrosuchidae*），它们的脑袋又大又笨，下颌强悍无比。

喙头龙（*Rhynchosauria*）是食草类爬行动物，它们的大小跟猪差不多，爬行速度缓慢，而且只能走直线，不会转弯。它们长着独特的尖嘴，有点像家兔和豚鼠的刀具嘴巴。在水里，身型庞大的两栖动物迷齿龙在同样庞大的喙头龙面前大摇大摆地游来游去。

中游弋。在发掘出土的三叠纪初期沉积物中，有九成的骨头都是迷齿龙的。从外形上看，它们长得像鳄鱼，腹部长有片状骨头，身体两侧是柔软的，跟蝾螈一样。迷齿龙主要靠袭击其他两栖动物和捕猎鱼类为生。它们的肺还很原始，也没有可以活动的肋骨，所以它们得像青蛙一样靠嘴呼吸。因此，迷齿龙的头部显得特别巨大，占据了其身体长度的三分之一。它们的头骨是平坦的，上面布满了复杂的凹槽和脊线，凹槽中有一个特殊的感知系统，可以检测到水里的运动物体。迷齿龙的爪子又短又弱。有一些两栖动物根本没有涉足过陆地。

迷齿龙意外获胜，胜利的果实一直维持了数百万年。这在地球历史上算不了什么，但如果按照人类的标准，已经算很长的时间了，甚至比我们人类存在的所有时间都要长久很多。

渐渐地，生物多样性又重新恢复了，迷齿龙逐渐退出了自己的舞台，被爬行动物排挤出局了。而在此之前，整个二叠纪都处在兽类鳞甲动物的阴影之下。到了三叠纪时期，爬行动物大行其道，我们对早期的这段历史知之甚少。这时的兽类鳞甲动物实际上已经完败于爬行动物，从地球上消失了。爬行动物借助于自己致密而干燥的鳞片，更能适应脱水的环境，在耐热方面也表现得更为出色。

经过一个由迷齿龙主宰的短暂间断之后，兽类鳞甲动物统治的星球进入了漫长的爬行动物世代。逐渐地，各种各样的动物种群轮番出现，交替执掌世界。蜥蜴、鳄鱼还有大量异国情调的动物，就像鼻烟壶中的魔鬼一样，一个个粉墨登场了。

最大的食肉动物是引鳄，它们像是长着四只脚，行动敏捷的鲮鲤，大小跟鳄鱼差不多，头长1米。它们的头骨形状和大小与凶

在恐龙出现之前很久的三叠纪时期，地质编年史中出现了第一批青蛙。它们与现在的青蛙没有什么区别，属于非常成功的动物。青蛙比恐龙、翼龙、鱼龙、蛇颈龙和食叶龙这些貌似鳄鱼的家伙们都存活得长久（见下页插图）。

三叠纪时期出现了许多奇怪的海洋爬行动物。其中包括鸭嘴兽龙（*Eretmorhipis*）。它的奇特之处在于，它是恐龙身与鸭子嘴的合体。这类动物的视力很弱，可能它也像鸭嘴兽那样，是依靠电波来寻找猎物的吧。

猛的恐龙相似，但还是有一个重要的区别：引鳄的上颚有一道弯钩，并且可以自由活动，这可以帮助它们更便捷地从猎物身上撕下肉块。

引鳄的居住地遍布整个联合古陆。实际上，那时在地球的不同地区都可以遇到相同的动物，动物世界也显得比较单一。

海洋里的爬行动物之间也几乎没有什么差别。它们都是因为怕热而跑到了水里。海水里第一次出现了来自陆地的逃犯：首先是长得像海豚的鱼龙，然后是长颈的蛇颈龙，还有其他一些很快被灭绝的群体。

爬行动物数量增多了，而原先的掠食性动物数目越来越少。所有进化中最重要的一次进化，要数微小的、名不见经传的犬齿龙的进化。正是从犬齿龙的进化开始，在三叠纪出现了哺乳动物。

奇异的爬行动物时代持续了近五千万年。三叠纪末期又发生了一次罕见的大灭绝，大多数奇怪的动物都消失了。一个新的群体进入了生命的舞台——恐龙。从很多方面来看，它们的出现是一种偶然，是在一种并不愉悦的情形中出现的副产品（从我们人类的角度来看）：炎热、氧气不足，而且是在短时间内再次出现的大灭绝之后。

恐龙因为具有以下三个特征，因而获得了前所未有的成功。

首先，它们学会了用后腿走路。在原始的爬行动物慢世界里，它们是超级的掠食者，可以轻轻松松追杀到任何猎物。

其次，它们的呼吸系统已经进化得相当成功了。恐龙的呼吸比我们高效得多。除了双肺，恐龙还长有气囊，就像鸟类一样。它们的气囊遍布全身，许多骨骼里也有气囊，甚至连骶骨上都有。实际

在三叠纪，脊椎动物学会了飞行。而在此之前，爬行动物只能把自己想像成会飞的松鼠。第一个学会自如飞行的脊椎动物是翼龙。三叠纪的翼龙体格相差不大，一般说来跟乌鸦的大小差不多，它们长着长长的尾巴和龅牙。它们生活在水边，靠捕食鱼和昆虫为生。

上，恐龙全身都充满了气体，就像气球一样。现代鸟类也是因为有了气囊，才使得它们在高海拔地区的稀疏空气中也能感觉自如。恐龙身体的这种结构使得它们在缺氧的情况下也能够保持积极的生活方式。

最后，恐龙的繁殖策略也非常成功。它们在很年轻的时候就开始繁殖后代。正如古生物学家所言，恐龙生长很快，过世也早。大部分被发现的这些爬行动物骨骼都还处在青少年时期，大多数都是如此。

由于早熟和种群的频繁变化，恐龙很快从灾难中恢复了元气，并经受住了多种不适，诸如气候变化、海平面的波动、饮食的突变以及来自太空的袭击。它们在各大洲都充当了绝对老大的角色，不少其他动物都成了它们的食物。为了躲避这个意外出现的超级捕食动物，存活下来的爬行动物、哺乳动物和两栖动物不得不急剧减少自身数目。这是自救的常规策略：追逐弱小动物对于大型掠食动物而言是无利可图的。当许多生态位都空缺时，部分恐龙会转而食用植物，从而放过这些四只爪的动物。很快，这些恐龙又成为专门猎食同类的掠食性恐龙的主要攻击对象。

从此，地球在很长时间里变成了恐龙的星球。

滤齿龙（*Atopodentatus*）的嘴外形很像吸尘器的刷子，上面长满了许多小牙齿。滤齿龙是绝种海洋爬行动物中唯一仅以藻类为食的。

侏罗纪

2.05 亿—1.42 亿年前

侏罗纪时期，联合古陆的超级大陆成形了。最初它们是两大块：北部的劳亚古陆和南部的冈瓦纳古陆，后来两者又分散成较小的部分。

海洋像往常一样淹没了大陆的低洼处。陆地的面积大为减少，海水覆盖了陆地的大部分地方。俄罗斯的中部地区是幅员辽阔的浅海。后来的欧洲在当时不过是一些拥有众多岛屿的海湾：现在的葡萄园和城堡，当时铺满了珊瑚礁和盐湖。

大陆本身变小了。云团在大陆上空穿梭，时不时地下起倾盆大雨。三叠纪时期的沙漠，到了侏罗纪时期变成了湿润的森林。气候变得温暖宜人，平均温度比现在略高。各大陆上生长着亚热带森林，但树木还不是很茂密。到了春天，树林里散发出垃圾桶的气味。如今，侏罗纪的植物亲属，铁树和银杏的种子也会散发出腐肉的气味。氧气的含量慢慢提高了，到了侏罗纪末期，氧气的含量达到了跟现代差不多的水平。

主要的恐龙群在侏罗纪时期就出现了。草食性恐龙是其中种类最繁多的。它们发明了多种方式来对付凶猛的食肉动物。

禽龙喜欢群聚，很少有谁敢攻击它们。剑龙像豪猪一样长满了各种尖刺。甲龙身披铠甲，浑身长满保护性的斑斑点点。蜥脚类恐龙虽然生活在陆地上，却从鲸身上获得了巨大的体格。

对于吃粗糙蔬菜食物的问题，这些恐龙也是各有妙招。甲龙的舌头强劲有力，它们的舌头上有骨头支撑；蜥脚类恐龙会经常快速

最早的花出现在侏罗纪时期的中国。它们有一个很好听的名字："南京花"（*Nanjinganthus*）。它们没有纤细的雄蕊，却长成了一棵树的样子。

刚刚从蛋中孵化出来的恐龙体格还很小，但体重增加很快。刚出生的梁龙（*Diplodocus*）跟一只猫的大小差不多，但成年后它们会比一截地铁车厢还要长。

换牙；而离龙有一套完整的牙齿，上面还有锋利的刀刃可以将食物斩断。

食草恐龙菜单上的主打菜是水生植被。侏罗纪时期的湖泊和河流与现在的湖泊和河流不同。辽阔水域上覆盖着厚厚的苔藓，跟浮萍有些类似。厚厚的苔藓上点缀着一些藻类和蘑菇，一些昆虫和甲壳类动物在这些苔藓上爬行。每块"浮萍"都是游走的营养沙拉，上面有小生物和柔软的植物，正是这一点让恐龙着迷。有趣的是，在草食性恐龙的石化粪便（粪石）里，有时会发现许多贝壳。它们的前额顶端竖着羽毛，沿着脖子和尾巴的方向，还有前爪的末梢都长有羽毛。虽然如此，它们还是无法飞行，不过羽毛的颜色却是够酷够炫，多姿多彩。甚至有一种叫尾羽龙的，长得很像孔雀，它们的尾巴上长有羽毛扇。也许恐龙最初只是在交配季节才会长满羽毛，随后就不再需要了，羽毛也就自然脱落了。

恐龙也会用羽毛来保护自己。如果它们受到惊吓，就会张大羽毛，以此来吓退对手。

住在树上的恐龙可以利用羽毛来协助它们往下飞行。几千年来，这些动物不断完善飞行技巧，最终成为鸟类。

其他动物也曾试图掌握借助空气自由飞行的技巧。除翼龙之外，地球上还有一些鸟类曾短暂飞行过一段时间，这些鸟类跟鳄鱼是近亲（可以把它们说成是鳄鱼鸟）。

翼龙与鸟类的生态位很少交叉。大多数翼龙以鱼类为食，栖息在湖泊和海洋的岸边。而鸟类则是在森林中栖息生存。

近水而居的动物更利于以化石形式得以保存。因此，我们得到了数以百计的翼龙骨骼和头骨，但鸟类的骨头却很少。

蛙嘴龙（*Anurognathus*）是侏罗纪时期非同寻常的一类翼龙，它们的头骨非常宽，有点像青蛙的头骨。蛙嘴龙的眼睛很大，可以夜间飞行。像其他翼龙一样，它们身上覆盖着细如发丝的绒毛。

袋头虾（*Dollocaris*）是虾的同类，生活在侏罗纪晚期的浅滩湾中。它们可以长成一个大盘子那么大。它们用"脚"去抓捕包括鱼在内的猎物。

侏罗纪的海洋也跟陆地一样，给人带来不同寻常的视觉冲击。现在，鱼是海洋中最为常见的居民。而在远古时代，鱼的数量要比现在少得多。生态系统的 C 位是属于头足类动物的，具有螺旋形外壳的贝母和类似于鱿鱼的贝母虫才是水里的王中王。这些数目庞大的软体动物群占据了全球各地的周边海洋。它们是海洋爬行动物鱼龙和蛇颈龙的猎杀对象。

鱼龙的生活方式跟海豚类似，它们都是温血动物，皮肤下还有厚厚的脂肪层。脂肪作为润滑脂，既可以保护热量不流失，又可以使皮肤更加有弹性，方便在波浪里自由翻飞，随波逐流。某些鱼龙可能已具有回声定位器官。这些爬行动物依靠高分贝来捕获反射的超声波，并以此方式"感受"周围的空间，寻找猎物。

鱼龙有一个特点是具有超强的视力，即使在黑暗中它们也可以像猫一样视线无障碍，这使得它们能够在深水区和夜间捕获猎物。

许多鱼龙的脸上不止有两个鼻孔，而是有四个鼻孔。也许鱼龙就是借助这些鼻孔去"嗅"水，并捕捉水中传导的敌人和猎物的微妙气息。

蛇颈龙是完全不同的凶猛动物，它们长着长长的脖子。这样，它们在靠近猎物时更具隐蔽性，往往没等到软体动物和鱼类注意到蛇颈龙的巨大躯体，这些凶猛动物就龇牙咧嘴地出现在了它们眼前，神出鬼没，防不胜防。还有一些蛇颈龙学会了一个本领，它们可以把眼睛缩到头骨内部，以避免受到垂死挣扎的鱼其鱼尾或刺的伤害。蛇颈龙的体格庞大，有些有卡车那么大，但它们的头部却很小，只比足球大那么一点点。其中最大的蛇颈龙的脖子比长颈鹿的脖子还要长 1～2 倍。它们的脖子不能折弯，也不太灵活。

小驼兽（*Oligokyphus*）是最后的一批兽类鳞甲动物犬齿龙的一个属，是哺乳动物的近亲。小驼兽生活在侏罗纪时期的森林里，大小跟达克斯猎犬差不多，可能外观也跟达克斯猎犬相差无几。很有可能它们也能像地鼠一样，用后腿直立。

不同类型的蛇颈龙游泳的方式也各不一样。有些蛇颈龙是 4 个鳍状肢一齐上阵，就像蝴蝶振翅一样，上上下下地摆动鱼鳍。还有一些蛇颈龙的游泳风格也跟蝴蝶类似，但它们是像研磨机一样，用前鳍画圈圈。

侏罗纪时期的海洋变得越来越干净而透明，这是双壳软体动物的功劳。它们取代了古老的腕足动物，可以更快更好地将水过滤。它们用半年时间把整个海洋的水都过滤了一遍。也就是说，一年里双壳贝类软体动物的壳能把地球上所有的水都过滤两遍。

总的来说，当时动植物的多样性比现在要少得多。但有一个例外，就是古代的哺乳动物。这些跟老鼠差不多大小的动物，在侏罗纪森林的夜间成群结队，到处乱窜。它们的嗅觉很好，但视力很弱，基本上不起作用。

哺乳动物的牙齿比骨骼坚固，最古老的动物身上唯一被保存下来的就是牙齿。整个科学界关于哺乳动物的最初认知都是通过对牙齿的研究而建立起来的，而这些动物本身长什么样，却不得而知。

幸运的是，通过对动物牙齿的研究，可以探寻动物生活方式的重大改变。牙齿是身体骨骼中最重要也最有趣的部分，它们携带了大量信息。难怪当年的小红帽凭借牙齿发现了端倪，最终辨认出老狼不是外婆。通过牙齿可以得知动物如何生存，又靠什么为生，还可以由此重构该动物的生存景观。每颗牙齿都是一种全息图，通过牙齿可以脑补出完整的画面。

牙齿精准表现了哺乳动物的生活方式。它们在侏罗纪时期学会了吃植物，成为史上第一批小型草食性脊椎动物。正是由于它们的

在侏罗纪时期，鱼龙（*Ichthyosauria*）找到了自己的舒适区，跟现在的海豚相仿。鱼龙是温血动物，以鱼为食。它们的皮下有厚厚的脂肪层。或许它们也像鲸鱼一样，垂直地捕获猎物和睡眠，偶尔才会浮出海面透透气。

体格较小，所以它们放弃了植物的茎和叶，转而吃植物的种子·和果实。植物的种子·和果实里积聚了更多的能量和精华。这一技能使哺乳动物获得了超能力，最终使得它们得以快速扩散并加速进化。

在古老动物的残骸中包括黑鲶鱼残骸，它们的身体中带有控制动物颜色的色素结构。这些残骸表明，那些灭绝了的哺乳动物曾经是灰色或者黑色的。而对牙齿的实验研究却表明，黑色素发生了迅速改变，甚至带色的羽毛也变成了灰色。很可能恐龙和古代鸟类都曾经像孔雀一样，是五彩斑斓的，但经过几百万年的沧桑巨变，我们看到的都是它们的黑白版，如始祖鸟（*Archaeopteryx*）。

侏罗纪中期，滑齿龙（*Liopleurodon*）是海洋中最危险的居民。它们的牙齿大小和形状很像牛角。

白垩纪

对地球而言，白垩（è）纪时期是真正的黄金时代。

各大洲仍像往常一样，在缓慢地彼此分开。海平面上升，海水覆盖了 30% 为我们所熟知的陆地。在整个俄罗斯的中部地区，还有西伯利亚、欧洲、北美洲和南美洲的大部分地区，到处都是浪花滔天。那时的气候很平稳，也比现在温暖。高温会引起海水的流动，进而从海洋深处带来营养物质。这使得浮游生物，尤其是金藻快速繁殖。它们占据了整个大海，海水变成了真正的营养高汤。

在这样的条件下，那些不久前还名不见经传的最简单海洋生物，突然一下达到了前所未有的发展规模。它们的身长一下子蹿到了 5 厘米。浮游生物玩起了"快闪"：迅速繁殖，又迅速死亡。数不清的单细胞贝类和藻类定居在海底，形成了像山一样强大的岩石层，即大家都熟悉的白垩。如果您拿一块天然白垩放到显微镜下观察就会发现，它是由无数浮游生物的壳组成的。

浮游生物的大量增加也导致了其他海洋动物的快速生长和发育。硬骨鱼（Bony fish）的进化最为迅速，把其他动物远远地甩到了后面。出现了速度可与鱿鱼媲美的短跑鱼；有过滤浮游生物和淤泥的吸尘器鱼；还有可以将扁牡蛎压碎的胡桃夹子鱼；体型巨大的鲱鱼，牙齿有我们的手指那么长。它们在大海里随处可见。

软骨鲨鱼也没有闲着，它们成功改变了自己的牙齿根部形状，使得牙根不再平坦，而是弯曲成弧形。它们的牙齿替换得更勤了，始终处于良好的状态。此外，这种结构可以使牙根占用更少空间，

恐龙的游泳技术很烂。它们的骨头上有特殊的小窟窿：气孔，这些气孔能帮助恐龙更有效地呼吸，可是一旦进入水中，它们就变成了水上的充气床垫。恐龙就这样枕着被抬高的背部游泳，海风或者海浪随时都有可能把它掀翻。长角的恐龙是所有恐龙里面游得最差的，它们长着一个沉重的头骨，还有一个大垫圈。它们很喜欢淌水走过水洼，就像图片上的异角龙一样【"*Xenaceratops*"意为"外星角状面孔"，它是三角恐龙的近亲物种——译者注】。

在白垩纪时期，离萨拉托夫不远的地方有一些被海水包围的岛屿。海岛上缓慢爬行着一些巨形海龟。驰龙（*Dromaeosauridae*）和披戴铠甲的厚甲龙（*Struthiosaurinae*）也会在这里出没。

从而增加口腔中的牙齿数量。在地质编年史记录中，鲨鱼牙齿的数量在成倍增长。侏罗纪时期鲨鱼嘴里的一颗牙齿，到了白垩纪时期，就是一两百颗了。

即使是那些非常古老的鱼类——鲟鱼，它们的黄金时代也已经来临。在中亚的荒漠地带和伏尔加河沿岸的大草原发现了这些鱼类的薄薄的头骨板：上面长满了丘疹，就像黄瓜的刺一样。从碎片的大小来看，白垩纪的鲟鱼已经长到了10米长。

陆地上的黄金时代降临了。

恐龙的繁盛时代也到来了。它们的数量和多样性得到了显著发展，出现了一些非常有趣和不同寻常的恐龙。进化的顶峰之作是食草的鸭嘴龙，它工作起来丝毫不逊色于割草机。在它们的颌骨里有一组用特殊的牙齿胶合剂固定的牙齿，这些并排的牙齿（这是一个科学术语），像砖头一样。鸭嘴龙的嘴巴工作起来简直令人叹为观止。当它移动嘴巴的上半部分时，它们的牙齿可以从舌头滑到脸颊，然后又原路绕回来。这样的咀嚼功夫真是无敌，没有哪种动物可以有这样的神功。

一些鸭嘴龙非常庞大，它们一抬头就可以达到三层楼窗户的高度。

它们也同样会受到巨型掠食者的猎杀，其中就包括霸王龙，一种理想的大型生物。霸王龙的颌骨有1米长，它们的牙齿有厨房里的切菜刀那么大。它们口中的压力达到每厘米400吨。这样的压力相当于让大象站在一枚硬币上。

翼龙的黄金时代也到了。它们的群体达到了惊人的规模。在大海上空的云层里，飞机般大小的翼龙在展翅翱翔。它们比鸟还轻，

鸭嘴龙具有独特的牙齿装备，这可能是地球历史上最复杂的装备。鸭嘴龙的牙齿由六种材料组成，可以抵抗磨损，防止孔洞的发生，使牙齿之间更加坚固。它们通过并排的牙齿磨碎一切东西：树枝、草、树皮、木材以及树木的根部。

有些恐龙是直立行走的，也就是两条腿走路；有些恐龙是四条腿行走的，也就是爬行的；还有些恐龙是在天上飞行的。大多数凶猛恐龙的前掌长得很奇特。它们的爪子很短，掌心内扣，好像是手心里握了一个看不见的球。它们捕获猎物的动作像是在拍巴掌。血王龙（*Lythronax*）也长着这样的前爪。

展翼长度达到 8 米的巨大翼龙，重量只有 20 千克。翼龙几乎终其一生都在飞行，它们像信天翁一样，边飞边睡，但不会坠落。

但是，并非所有动物都能享有这样的黄金时代，大自然从来不会让所有的一切都感受到怡然自得，其乐融融。

鸟类逐渐取代了翼龙。在海岸边上，栖息着满嘴都是牙的"海鸥"：鱼鸟和一米长的"海豹"鸟。那些原来曾是大型翼龙聚集地的岸边，现在成了鸟类的集市，鸟儿们叽叽喳喳吵闹不休。而在陆地上，哺乳动物的黄金时代彻底搅乱了恐龙的好日子。

几百万年来，动物的体格都很小，但到了白垩纪中期，开始出现了跟獾一般大小的凶猛食肉动物。这些"獾"开始狂吃恐龙蛋和恐龙幼崽。产卵一直是恐龙的弱点。在一个小型掠食动物盛行的世界，外型威猛的恐龙其实并非聪明的群体。许多新孵化的恐龙都只有小鸡那么大，刚出来的它们骨架都还是软的，到了晚上气温会下降，幼崽们无法在夜间快速移动。而温血的"獾"一到晚上和黄昏就开始活跃，它们将恐龙窝变成了真正的屠宰场。

恐龙也曾尝试奋力一搏，抗拒突如其来的灾难。它们开始构筑巨大的巢穴，在里面产下数千枚卵，并尽力保护好这些大型恐龙蛋，但无济于事。它们陷入了绝望的境地。成年恐龙不能一直留在巢中，于是只好把恐龙蛋和幼崽转移出去。但这些幼崽离开巢穴后，又成为了哺乳动物的盘中餐。就这样，恐龙的数量开始锐减。

在白垩纪末期，火山开始有规律地大规模喷发，造成现在印度境内形成了一个新的线羽流。它虽比二叠纪时期要小，但也还是很大。火山喷发后，熔岩遇到线羽流会变硬，硬化的熔岩面积相当于德国、法国和西班牙加起来的总和。

暴龙（*Suskityrannus*）是霸王龙的近亲。这些恐龙绝大部分时间都在睡觉，很少活动。它们很少像其他捕食动物那样四面出击。可能它们整天都在边走边睡，只是到了晚上才外出捕猎。祖尼角龙（*Zuniceratops*）也是这样的习性。

气候再次发生动荡，温度和含氧量都开始出现波动。海洋和森林又都开始下起了酸雨。新一轮的物种大灭绝再次袭击了许多生物，如恐龙、软体动物、鸟类、哺乳动物等。

在大灭绝期间，一个巨大的太空物坠入了地球。这是一颗直径为 10～15 千米的小行星或彗星。在接近地球时，它又碎裂成了几块。其中最主要的部分以弹道导弹的速度，即每秒约 30 千米，落到了现在的墨西哥湾地区。撞击后留下了直径为 180 千米的火山口，这相当于莫斯科面积的 4 倍。其他碎片则落到了后来的印度、乌克兰境内。海啸波冲到海岸上，各大洲上空都燃起了熊熊大火，炽热的灰烬升入空气中。

来自太空的撞击虽很巨大，但并没有给大自然带来严重后果。尘土迅速沉降下来，那些以树叶为食的昆虫几乎没有受到影响。海啸和大火也停息了下来。从地球的陨石坑来判断，经常会有小行星或彗星从太空中坠落下来，有时也会有些大家伙。它们不会给生物圈造成明显损害。因为即使没有这种太空灾难，有些生物的灭绝也会照样发生。彗星或小行星的撞击并不是使地球完成向中生代迈进的助推器。没有它们的参与，照样会发生这样的转变。

卢斯罕龙（*Luskhan*）（一种外表如海豚加鳄鱼的恐龙——译者注）是俄罗斯乌里扬诺夫斯克州发现的白垩纪时期的大型古生物。与其他同类不同的是，它们以小鱼为食，而不是其他大型爬行动物为食。这可是非常的不同寻常。暴龙的进食习惯也同样奇怪，它们以蠕虫和甲虫为食。

新生代

新生代分为 3 个时期：古近纪（老第三纪）、新近纪（新第三纪）和第四纪。每个时期又被划分为较小的时间间隔。新生代与中生代之间的主要区别之一在于植被的变化。中生代的陆地上只有针叶树（裸子植物）和蕨类植物，而到了新生代，陆地上开始有了开花的植物。在白垩纪开始时，开花植物只占整个植物多样性的 5%。而到了在古近代，90% 的植物都会开花。

此时发生了一场真正的花卉革命。

开花植物与针叶树、蕨类植物和其他古代植物截然不同的一点是，它们更善于合理地抓牢土地吸取水分，所以生长得也更牢靠稳定。

在新生代，各大洲开天辟地头一次被一大片连绵的草丛所覆盖，出现了广袤的草地和茂密的森林。树木的落叶和草茎肥沃了土壤，而开花植物强劲的根系将土壤牢牢地凝聚在一起，还使得许多沼泽的水分也被吸干了一些。河流和湖泊拥有了更加稳定的河岸和湖岸。蜜蜂和大黄蜂在嗡嗡嗡地传授花粉。它们是地球上第一批授粉的昆虫之一（甲虫才是地球上第一批授粉的昆虫——译者注）。微风吹过草地，招来了五颜六色的蝴蝶。

花朵的出现彻底改变了地球的面貌。

哥伦比亚的泰坦巨蟒（*Titanoboa*）是蟒蛇的同族。它们的长度可达 15 米，跟恐龙相差无几了，体重可达 1 吨。它们也是以大鱼为食的。

古近纪

古近纪之初，一切就像是三叠纪时期的复制粘贴——火山活动频发且规模盛大，导致大气中的二氧化碳含量增高，由此带来了可怕的酷热。天空中的云朵都消失了，高浓度的二氧化碳阻止了它们的形成。每天都是艳阳高照，万里无云。太阳光不受阻碍地直接照射到地球上。整个地球都被烤热了，冰川开始融化，各大洲都变成了热带。

就像三叠纪时期一样，各路英雄各显神通，各据一方的混战时期到来了。空旷的舞台上，各色英雄一个个粉墨登场，大显神通，鸟类、蛇、鳄鱼……有种会飞的巨型鸟类，叫冠恐鸟，它们是鹤的亲属。它们想要取代现已灭绝的掠食性动物恐龙的地位。它们长着巨大的喙，轻轻松松就可以将任何动物的骨头碾压得粉碎。在如今哥伦比亚的土地上，当时有一种有史以来最大的泰坦巨蟒，它的身长达到 15 米。陆地和水生的鳄鱼也有 10 米。其中甚至还有长了角的鳄鱼——切拉多祖赫。

哺乳动物当时仍处于劣势。它们的数量不少，不过都是些小型不起眼的动物，但种类繁多。茂密森林的树冠上，盘旋着古老的灵长类动物，它们的外表有点像长了大耳朵的老鼠，它们吃水果和昆虫。地面上奔跑着啮齿类动物，它们像是没长刺的刺猬。而蝙蝠则成群结队地飞向林中空地。

哺乳动物的进化潜力是巨大的，它们不断尝试进入不同的生态环境。其中有一些摆脱了夜间和黄昏时活动的生活方式，开始白天

砂犷兽（*Chalicotherium*）与马和犀牛是亲属，很奇怪吧。它的脚爪末端不是蹄子，而是长着巨大的指甲。砂犷兽可以用前爪站立，用爪子挠树，折弯树枝，吃树枝低处的叶子和花。长着剑齿的猎虎以砂犷兽为食。这些猎虎外表长得像猫，但却是犬科动物。

捕食和进食。还有一种食肉动物：古蹄兽的样子看起来也特别奇怪，它们长着蹄子和粗大的獠牙，是后来奶牛的亲属。

在哺乳动物的猛烈冲击下，陆地上的一些奇怪鸟类和巨型爬行动物开始逐渐消亡。它们只在某些自然保护区，如岛屿、封闭的山谷等，得以保存下来。占据天时地利的哺乳动物开始大量繁殖，其中包括第一批大型食肉动物——花冠龙。它们是现代掠食动物的鼻祖。它们的外形像熊、貂、猫、老虎、狗、浣熊，但它们之间不是亲戚关系。花冠龙的头骨比目前的食肉动物头骨要大，但牙齿却比较小，主要的感觉器官是嗅觉。它们更擅长伏击，喜欢躲藏在茂密的灌木丛中，然后突然出击。就这样，在漫无边际的热带雨林中，哺乳动物渐渐占据了霸主地位。

大陆的轮廓变得跟现在的非常相似。古近纪中期，大规模的火山活动达到峰值。温室气体的排放使地球变热，炎热程度达到了显生宙时期的最高值。这个被称为极热事件，甚至连极地的海水温度也被提高了 10 C。而北极圈外围的棕榈树也长成了参天大树，树下有鳄鱼在爬行。那是一个了不起的极地亚热带森林。随后的几个月，极夜来临，大地被笼罩在极地昏暗里。

在其他的几块陆地上也是同样的情形：茂密的森林里充满了生命的喧嚣，到处都散发出柏树和红杉特有的潮湿和焦油味。正是在这样的气候条件下，形成了树脂石化后的重要沉积物——琥珀。

热带地区出现了一种新型的森林：亚马孙、非洲和东南亚的湿雨林，以前从来没有过如此茂密和潮湿的森林。沉寂的森林里第一次有了鸟儿们的欢歌笑语。小鸟们或吹着口哨，或震颤着歌喉，婉转鸣叫。在古近纪之前，鸟类是不会唱歌的，它们甚至连发出尖叫

巨犀（*Indricotherium*）是地球历史上最大型的陆地哺乳动物。它们的每根手指都有我们的脑袋那么大。巨犀以前长着大象一样的长鼻子，还有大大的门牙。在旱季，它们不得不用长鼻子去蹭树干，然后从上面扯下宽宽的树皮为食。

声都做不到。

哺乳动物一直保持快速进化的势头，其中有不少已经变得有些面目全非了。好像大自然自己玩嗨了，在不停地做试验，不断发明出令人匪夷所思的动物。

其中最独具一格，也最令人难忘的，是凶猛的食肉动物——鬣（liè）狗。从外表看它像狗，但头骨大得惊人。最特别的还是它们的眼睛很小，而且外凸，像马眼睛一样，位于头部的两侧，间距很远，差不多长在耳朵的位置。

就凭着这么一双"马"眼，鬣狗成为陆地上的凶猛食肉动物。这样的眼睛位置可以很便捷地 360° 环视周边环境，不过双眼的视线区域会缩小几个度数。对于掠食者而言，双目视力很重要，因为它能精准估算猎物距离，从而成功实施攻击。鬣狗奇特的眼睛构造是令人费解的，但长期以来它们却一直雄踞主要掠食动物榜首的宝座。

高温时期，许多哺乳动物，如海豹、海牛、鲸鱼、海豚等，开始逃到水里。所有这些动物的祖先都各不相同，有些跟熊是亲属，有些是貂的亲属，而有些是牛的亲属。

在森林里狩猎的哺乳动物是以昆虫和小老鼠为食的。树木被灵长类动物霸占着，它们一个个长得像狐猴，过着昼伏夜行的生活，直到后来，森林里出现一个更有成效的夜间掠食动物——猫头鹰。猫头鹰以这些灵长类动物为食，它们的威胁是如此巨大，以致灵长类动物不得已只好选择改变自己的夜行习惯，采用昼行夜伏模式。

在古近纪的最后三分之一阶段，降温取代了炎热。南极停留在了极点，海流发生了改变，大陆开始被冰覆盖。森林和草地的末日

阿尔泰察干鼠（*Tsaganomys*）是类似小土狼的一种动物。它们在地底下建造了完整的迷宫，可能一辈子也没有见到过阳光。它们的生活方式有点像北美的蜜蜂窝——群居，而且等级森严。蚂蚁或白蚁也是如此，或许某些等级在阿尔泰察干鼠上也有。

来临了。南极冰箱（这是一个科学术语）开始发挥威力了，它使整个地球开启了气温速降模式，时至今日仍在发威，你我不过是生活在冰川交替中的一小段温暖时期而已。此外，连绵的山系，阿尔卑斯山、喜马拉雅山等，也在不断壮大。它们的高峰也被冰雪覆盖，这更加剧了寒冷。

冰川习惯性地从海洋中吸取很多水，地球因此变得更加干燥，沙漠开始出现。某些地区会一连几个月维持干燥而寒冷的冬季。许多动物学会了挖洞，以熬过这段糟糕的时间。

在彼此分裂的不同陆地上，开始出现哺乳动物的生态社群，令人惊讶的是，它们彼此还很相似。例如在澳大利亚和南美出现了有袋羚羊、有袋狼，甚至出现了大型的有袋草食大象，但它们还是各有特点。

许多长鼻类动物出现在非洲，而亚洲呢，真正成为猪和犀牛的王国。猪在亚洲可以长到河马那么大。

犀牛就更奇怪了。在中亚，短腿犀牛"达克斯猎犬"随处可见。它们的亲戚矮脚犀牛，长着长长的鼻子。古近纪终结的真正标志，是出现了最大的陆生哺乳动物，像长颈鹿一样的犀牛——大化石犀。

掠食性的髭（zī）齿兽逐渐被犬科和猫科动物所取代。前者更喜欢成群地驱赶和捕食猎物，而后者是独自寻找猎物，然后对猎物施行突然袭击。

石炭兽（*Anthracotherium*）是猪的亲属，整个地球的沼泽山谷里都有它们的足迹。可能河马就是由石炭兽变化而来的。

新近纪

寒冷在加剧。在北极和南部冰川的外面又长出一个冰帽子，地球历史上极少出现结冰的两极相遇的情况，地球上的两个冰箱同时开始工作了。喜马拉雅山和阿尔卑斯山越来越高，年轻的高加索山脉也加入了它们的队伍。气候变得越来越干燥和寒冷。

海平面再次下降，地中海几乎完全干涸了。在某些仅存的小湖里，那些"扫把星"叠层石又开始生长了。

南北美洲是通过地峡相连的。地峡彻底切断了海洋中的暖流循环，加速了海水的变冷。美洲动物群的混杂导致了南美洲特有的有袋动物的消亡和灭绝。北美洲的马、美洲虎、美洲狮和狼开始了真正意义上的征服。

海洋里出现了巨大的鲸鱼，它们以海洋中的甲壳动物磷虾为食。还出现过掠食性的巨鲸——抹香鲸。它们达到了 20 米长，有时会攻击自己的同类，鲨鱼是它们的竞争对手。海洋中出现了地球有史以来最大的掠食性鱼类——巨齿巨蜥。它们的牙齿有男性手掌那么长。

新近纪时期的一个重要事件是出现了一种全新且非常重要的景观类型：草原。这是地球历史上产能比最高的景观。因为草原汇聚了极大数目的能量，草原里长满了可食用的草。有许多动物都是以谷物和植物的根茎为食的。跟树木不同的是，草是全部可以食用的，而树的根、皮和木材是没有多少营养的。

草原几乎是同时出现在亚洲、美国的南部（在这里被称为南美

小草为了不被动物吃掉，其内部会长出一些微型固体——硅树脂来自保。马、牛、羊的牙齿上经常会出现被这种物质刮擦的痕迹。

大草原）和非洲（大草原）的。

　　草原的诞生要归功于大型食草动物。草原的主要"母亲"是羚羊，它们也不过是在草原形成之前不久才出现的。羚羊大肆践踏植物，像割草机一样将它们连根拔起，还将灌木和树木斩草除根。大象和犀牛也跟羚羊一起，恣意毁坏树木的嫩芽。

　　森林在减退，而无穷无尽的草地开始蔓延在原先曾是森林的地域。那里蕴含着取之不尽的能源。动物们吃草吃得越多，小草（禾本科的草本植物——译者注）的生长就越茂盛，就像传说中的九头蛇神话一样。一只羚羊在某处吃下一片草叶，第二天那里就会疯长出两片草叶来。草原已启动疯狂织布机模式。

　　一群食草的羚羊在陆地上东游西荡，将森林里的树木连根拔起。遍布世界的巨大森林就这样丢失了自己原有的宝座，变成了长满小草的绿色岛屿。

　　陆地的小牺牲带来了显著的效果。非洲和欧亚大陆被连接起来了，动物们开始大肆混居。大象从非洲移居到了亚洲，犀牛和长颈鹿从亚洲流传到了非洲（它们还出现在蒙古的某些广阔地区）。

　　寒冷时代刺激了进化（还记得在文德期和二叠纪时期发生过什么吗）。这段时间里，大自然似乎特别热衷于尝试各种创新。这次也不例外。

　　700 万年前，草原的扩张和森林面积的减少，迫使不少动物从树上降落到土地上。在非洲的大草原上，大型猴子——猿人、图根原人和地猿也从树上来到了地上。在半森林半大草原的混合景观中孕育出了许多上述生物。它们体格都不算太大，跟今天黑猩猩的大小差不多。它们当中开始出现了"人性化的灵长类动物"，即人性

羚羊亚科属于卡诺佐伊时代的主要革命者。正是由于它们的出现，才导致了草原的产生。

化的猴子。在不同的群体中不知不觉出现了后来人类的某些特征，这些迹象大多数都发生在通过自然筛选出来的地猿身上。

地猿的口吻短，气味难闻，但视力极佳。它们靠吃水果和树叶为生，不吃肉，小范围群居。它们的獠牙较小，没有外凸。也就是说，地猿是不带侵略性的友善动物。正是它们的友善，让它们成为了赢家。大批的南方古猿就是起源于地猿，古猿又是人类的祖先。

南方古猿几乎忘记了爬树本领。像恐龙一样，它们掌握了两条腿走路的诀窍，这带来了不少好处。双腿走路可以让它们腾出手来抱住幼崽，观察周围环境，寻找猎物，同时注意到危险。眼睛的位置越高，视线看得越远。南方古猿还没有学会言语交流，它们只会像其他猴子一样大喊大叫，而且外观上与黑猩猩没有太大区别。

南方古猿定居范围非常广，遍布整个非洲。它们的远亲和近亲都很多，但没有留下后代。其中类人猿有一个特殊的分支，是食蚁动物，它们靠食用软性食物和白蚁为生。它们的头骨也很奇特，类似于消防头盔，中间长了个冠，强大的咀嚼肌附着在头冠上。这些灵长类动物的大脑很小，但是下巴巨大。他们身上的寄生动物数量很多，由于持续的降温，加上它们与我们的祖先——人类竞争失败，最终都灭绝了。

360 万年前，非洲爆发了一次火山，然后下起了暴雨。在一处露天的灰烬上保存有三只南方古猿的石化足印。很可能这是一家三口：雄猿、雌猿和幼猿。那只最小的幼猿在踩着其他的足印行走。另外，三只猿都是畸形足，脚趾都有些内翻。

第四纪

大约 200 万年前，一颗距离太阳系不远的超级新星爆炸了。数百年来，它在夜空中发出比月亮还耀眼的光芒。它以放射性同位素的形式，将自己的痕迹保存在地球的岩石中。在它的照耀下，非洲出现了第一批源自南方古猿的人类。

这些人类放弃了素食主义，成为了杂食者。早期的人类混迹于食肉的猫科动物之中，吃它们没有吃完的大象和水牛尸体。早期的人类是一种与鬣狗类似的狩猎者，但鬣狗是在晚上捕食的，而人在白天进食。人们使用石头工具将肉从骨头上刮下来。从不同动物椎骨、头骨和肋骨上的划伤数量推断，当时非洲大草原上的人类数量不在少数。

人类转为肉食之后，带来了一系列的连锁反应。人类的下颚开始回缩，头骨也得从进化，腾出更多空间来容纳更大的脑容量。吃肉以后，早期的人们在 3 个方面显示出与其他动物的显著差别，变得更加聪明：大脑的容量更大、双脚直立行走、能够制造工具。

大脑容积扩大后，人们开始自主狩猎。这一行为是如此成功，以致人类很快就将其他所有掠食动物淘汰出局了。

接下来出现了两种彼此有关联的同属人类品种：有技巧的人和能工作的人。他们之间已经可以利用某种方式进行交流了。他们的大脑已重达 750 克，已经成功跨越了"脑神经阻滞剂"（这是一个科学术语）。这对于从事复杂的智力活动、制造和使用工具、运用言语与自己的同类进行充分交流都是必不可少的。

剑齿虎猫是一个彻头彻尾的谜。它们的尖牙令人觉得不可思议，无法想像它们是如何把嘴张开的。然而"牙齿悖论"并不妨碍它们的发展，此后的数百万年，它们都是主要的掠食性动物。

人们开始用火，学会了用火烤熟食物，发生了一场真正意义上的烹饪革命。食物经过热处理后可以减少人体器官的咀嚼和消化损耗，更好地被吸收。从节省能源的角度考虑，这是卓有成效的，因为黑猩猩每天要花 5 小时咀嚼食物，现代的原始猎人部落要花 1 小时，而我和你只需花半个小时就可以搞定一切。

群居、使用石器、用火，所有这一切为人类带来了繁荣和成功。人类开始走出自己的发源地——非洲，越过狭窄的海峡到达阿拉伯半岛，又沿着海岸线走得更远，足迹遍布温暖的地区。

但到目前为止发现，早期的人类最主要还是出现在非洲，那里诞生了一个新物种——人类的祖先海德堡人。他们已经知道如何定期使用火，建造坚固的小屋。他们挖出原木，然后用兽皮搭成棚子覆盖在屋顶。他们学会了制作长矛和斧头，喜欢漂亮的小装饰品。在他们的住宿地发现了海胆化石和珊瑚碎片壳。海德堡人不仅会尖叫，还学会了交谈，虽然那未必是完整的交流。

180 万年前，海德堡人从非洲来到了欧亚大陆，开始在温暖的海洋上定居。

严寒突然不期而至。温暖的冰川过度期结束了，地球再次变得寒冷异常。冰川的面积在扩大，欧洲和北美的一半地区都被冰川覆盖。

受沉重的冰川影响，陆地开始向地幔沉陷，美州和欧洲至今仍处在反向运动中：从地幔向上浮起。寒冷异常，也干冷异常。由于缺乏水分，当时的降雪量少于现在。

在冰封的欧洲，海德堡人那里又出现了尼安德特人。对我们来说，尼安德特人算是人类的表兄表姐。尼安德特人与我们略有不

数百万年前，曾有大量鸵鸟造访欧洲。不久前在克里米亚发现了一根巨型鸵鸟的骨头。鸵鸟是地球历史上体格最大、身体最重的鸟类之一。

同，与我们的基因组差异仅为 0.16%。

不久前的研究表明，尼安德特人是黑皮肤、黑眼睛的人种，鼻子又大又宽，肩膀宽厚，肌肉发达。他们大多个头比较矮小，头大，外表长得像童话里的巨魔。他们的脑容量甚至比我们的还要多一点。他们打起呼噜来也很吓人，因为他们的大脑里没有负责控制打呼噜和打嗝的区域。在石器时代的阴暗洞穴里，一到晚上，矮子们英雄般的呼噜声此起彼伏，甚是壮观。

尼安德特人也会照顾他们的老人和病人，他们已经有了医学、文化和宗教。他们一般以 10～20 人的小团体群居。出于某种原因，他们会在洞穴中放置巨大的熊头骨。他们对创造发明新东西一直没什么兴趣。经过多年的搜寻和发掘，也只在某些骨头上发现一些原始的划痕。

尼安德特人更喜欢肉类食物，喜欢猎食大型猎物，如猛玛象、犀牛、野牛和鹿等。不知为何他们没有制作投掷武器，而是一直采取近距离斯杀决战。他们会用长矛去跟踪熊、追逐公牛，用刀去杀死一头途中遭遇的猛犸象，其实这更需要坚定的品格和强大的内心。尼安德特人是食人族，很可能出现过这样的场景：他们追杀自己的邻居，就像是在玩游戏。他们生活在欧洲、高加索、乌兹别克斯坦、伊拉克、希腊和克里米亚。

再往东，从阿尔泰到蒙古和中国，有海德堡人的其他后裔。他们也都是皮肤黝黑，长着黑头发和黑眼睛。我们对他们几乎一无所知，这是迄今为止最神秘的人类之一。在印度尼西亚有一群矮小的霍比特人，他们的头只有欧洲人的拳头大小。可能在非洲偏远的地区有一些南方古猿被幸运地保存下来。我们的直系祖先现代智人，

杰尼索夫人居住在亚洲的山区。西藏居民继承了他们的特有基因，可以在没有足够氧气的山上自如生活。

当年正是生活在非洲。

多人种并存的时代来临了，直到后来，超级火山鸟羽爆发，才宣告终结。鸟羽超级火山于 7.4 万年前在苏门答腊岛北部爆发。

大量的灰烬、气体和热石被喷到了大气中，火山灰落到很多地区。某些地方的火山灰像雪花一样，一直持续了好几个月，落到印度的火山灰达到了 6 米高。火山的冬天到来了，地球陷入沉沉暮色，整个地球的温度下降了好几度。

鸟羽火山几乎将人类从地球表面抹去了。在随后不算长的过渡时期里，人类数量锐减，许多物种死亡。印度洋的海岸空了，以前人们居住过的那些洞穴里，出现了一个无菌层，那里没看到遗骸，也没看到房间，没有任何生命迹象。只在欧洲的某些偏远角落，才找到尼安德特人的群体。还有少数丹尼索瓦人，幸存于喜马拉雅山脊的后面。我们的星球上只剩下大约 2000 人，再没有其他人了，所有这些人可以全部坐进一趟 40 节的火车里。

人类的摇篮——非洲倒是没有受到什么冲击。当火山灰落到地面时，人类的最后一个物种——智人，从非洲来到了欧亚大陆空无一人的广阔土地上。他们是海德堡人的后裔，但他们当时没有离开欧洲，而是留在了非洲。现在他们的时辰已到。

智人皮肤黝黑，头发乌黑，长着热带地区人特有的扁平鼻子和深色眼睛。他们是一些技术娴熟的捕猎者，学会了强大的新技术。他们会使用长矛，用被驯服的狗跟自己一起狩猎。他们主要捕猎有蹄类动物，尤其是野马。这些野马生活在欧亚大陆的草原上，我们的祖先以惊人的速度吃掉了它们。在法国某个巨大的领域仍然保留着"骨头岩浆"——一座堆满马骨的广场。它占地 10 万平方米，光

在智人洞里发现了一些神秘的图画，上面画有 5 只脚和 6 只脚的动物。图画的寓意在很长时间都无人破解，直到有一次，学者们关掉灯，用手电筒去看那些动物。昏暗的灯光下，那些脚动了起来，然后……那些动物也跑了起来。黑暗中的手电光捕捉到了不同的脚，造成了运动的错觉。原来，这些洞穴里的绘画描述的是史前的恐怖漫画。

是骨头就堆到了 1 米。人们在那里宰杀了 10 万匹马，把马肉都给吃了。

一些有蹄类动物的灭绝也导致了草原的衰亡。草原本身是无法自主生存的，跟英式草坪一样，它们是需要修剪的。随着智人的出现，欧亚大陆上到处都是茂密的落叶林，而落叶林是产能比低得多的自然景观。

智人可不仅仅是会使用工具。他们除了制作武器、使用家用和建筑用设备外，还会用鹿角制成哨子、骨笛、拨浪鼓和蜂鸣器。需要的时候，扭动顶部的绳索，蜂鸣器会发出均匀而神秘的声音。

在欧洲，智人与尼安德特人在一起生活了 2000 年。这两种人类之间的关系可能是多种多样的，有仇恨有爱情，也有混合的婚姻。欧洲人从尼安德特人那里继承了敏感和沮丧，每个欧洲人都有一点尼安德特人的血统。但生活在撒哈拉以南的民族才是最纯正的智人。

我们的祖先与神秘的丹尼索瓦人也建立了婚姻关系。丹尼索瓦人在澳大利亚、美拉尼西亚和新几内亚当地人的基因组中留下了明显痕迹，高达 5% 的人有丹尼索瓦人基因。

最终，尼安德特人和丹尼索瓦人灭绝了，但智人的力量却得到了传承和传播。

我们的祖先开启了形成种族的进程。一开始种族有很多，出现了一些奇异的种族："热带"地区的长腿，或"北极"地带的短肢，圆形或细长的头骨，都会像马赛克一样，随机拼接在一起。

长期以来，所有智人都是深色皮肤的黑发人。第一个浅色头发的人居住在俄罗斯北部的克拉斯诺亚尔斯克地区，距今已有 1.6 万

智人很喜欢以自己的手掌为原型创造作品。在西班牙发现了 4 万年前最古老的手掌遗迹。许多手掌的手指有残缺，大概因为石器时代的生活条件是极其艰辛的。

年，不过他仍是深色皮肤。第一批浅色皮肤的人出现的时间更晚。

由于气候变暖和人类活动，1.1万年前，地球上冰川时代的巨型动物开始灭绝。几乎所有的巨型动物都消失了，如欧亚大陆的猛犸象、北美的树懒、欧洲的大角鹿、洞狮和洞熊（一到秋天，它们就会躲进山洞，并且一连酣睡7个月）等。巨型动物消失了，但一些身型较小的动物却被留存下来，如北极狐、狐狸、金刚狼和旅鼠等，都生存至今。

人们开始不仅吃肉、根茎和水果，还吃谷物。人们开始在野外的草原上建房，然后学习自行种养植物。食物开始出现富余，需要储存和保护。就这样，全球性的劳动分工出现了。

1万年前，在中东的耶利哥（今约旦境内——译者注），人们建造了第一座石头塔，此后不久，城市也开始出现了。文明史就这样开始了。

在很短的时间片段内，我们成就了众多伟业：美索不达米亚的楔形文字、纽约的摩天大楼、加加林的太空飞行、火药的发明以及互联网。在这个地质的瞬间里，人类沿着进化的阶梯一路高歌猛进，取得了令人难以想象的成就。人类已是地球上最瞩目的生物，成为超级掠食者和超级消费者。

从天然气、矿物质再到细菌、动物和植物，人类对地球上所有元素的消耗真是一个都没放过。我们使用了地球上的所有资源，甚至包括有毒的，还乐此不疲。例如，有些地方的厨房离不开黑胡椒，但黑胡椒带有有毒的辣椒素，与舌头接触后会引起灼痛感。这是一种化学反应，会给我们的味蕾造成一种错觉，让我们感到浑身发热。辣椒素会让身体感受到某种刺激。如果是驱赶动物，让它们

雪豹（*Panthera uncia*）是一种大型豹，栖息在中亚地带，是濒临灭绝的动物。现在自然界仅存近7000只，一个足球场就可以安顿下它们。

离开果树或树叶，那么辣椒素是有效的。可是人们被辣椒素吸引，是因为我们喜欢辣椒带给我们的轻微烧灼感。还有咖啡因，也是带有毒性的，也会欺骗我们的身体。在野外，咖啡因能使蜗牛的心跳减慢，抑制寄生真菌的生长，还可以让鼻涕虫抽搐。植物可以借助咖啡因的帮助抵御害虫。而我们呢，用这种带有毒性的物质制成了地球上最常见的饮料。

我们是地球历史上是前无古人的存在。人类创造的技术可以让我们上天揽月、入海捉鳖，我们在陆地上的行进速度也越来越快。大自然几乎已经在我们的掌控之下。

人类也像其他所有动物一样，总是千方百计地想要拓展自己的领地空间。地球上没有什么能与人类抗衡匹敌。我们可以在地球上的几乎任意地方居住，还将目光投向了海底、月球和火星。

人们通过接种疫苗、卫生保健和使用抗生素，已经战胜了许多致命的疾病。地球人口已经超过 70 亿人，这是一个让人难以置信的数字。如果这个是昆虫的数目，那还算是比较正常的，如果是脊椎动物的数目，那就不可思议了。

我们的生命长度已经超越了大多数其他动物，与某些爬行动物和无脊椎动物很接近了（它们当中有一些是可以视为长生不死的动物）。

古生物学家亚历山大·谢尔盖维奇·拉乌吉安认为，大自然交给人类的任务，是如何提取在地壳中沉睡了数百万年的矿物质，并将其返回到物质循环中。如果真是这样，那么开采石油、天然气和石煤，挖掘铀、黄金和钻石这些行为，都不过是我们在履行大自然交给我们的使命，只会使地球从中获益，因为这些宝藏悄无声息地

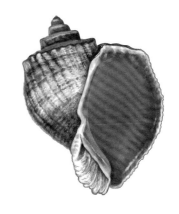

人们随意改变动植物的位置也会给大自然带来损害。70 多年前，人们偶然将软体猛禽动物拉帕纳红螺（*Rapana*）的卵从远东运到了黑海。红螺在新地方迅速繁殖，并大肆蚕食牡蛎和扇贝，导致当地的一些软体动物灭绝。

掩埋在地层深处，就是我们对它们的无视，是暴殄天物。但还是有一个问题，对大自然来说也许算不了什么，但对我们人类来说却是至关重要。我们的行为已经导致了动植物的大规模灭绝，人类也有可能走向灭亡。如果真是这样，那么我们人类的所有历史，将只会是时间长河中很短暂的片段。

如果要论存在的时间长短，在所有人形猴子的排序中，智人是排在最末尾的。举个例子，我们遥远的祖先直立猿人，或直立行走的人，存在了 200 万年，它们的存在时间是我们智人的 10 倍。

从地质学的角度说，允许的误差值可以是几万年。我们的文明史误差可以说趋于零。然而，我们留给这个世界如此多可圈可点的成就，它们可以载入地质编年史并被保存数十亿年，直至地球消失。

两栖动物是所有脊椎动物中最脆弱的。每年都会有 45 个以上的物种消亡，相当于每两周消失一种。人类活动直接导致了一些两栖动物的消亡，如开垦土地、砍伐森林、修建蓄水池等。甚至所有在水边的建设对它们而言都是灭顶之灾，因为那将直接导致它们无法在水岸边生存。

未来

现在，另一场大规模的生物灭绝势头也在悄然增强，其源头就是人类的活动，尤其是环境污染，并且很有可能这是最大的源头。灭绝的速度已经达到创纪录的程度：比过去的危机，包括二叠纪末期的灭绝速度都要高出 10 倍。这是我们始料不及的，因为我们大多数人生活在城市，而城市里的动植物并不多，包围着我们的无非也就是杨树、麻雀、猫、花楸树、乌鸦等。但即使是在城市里，变化也还是显而易见的。现在，蝴蝶在花坛上几乎不见了踪影。在公园里，你可能一整天都遇不到一只蚂蚁，而在 20 年前，蚂蚁还随处可见。

很难说新一轮的灭绝将如何收场，谁将成为下一个被灭绝的对象，生命的发展是无法预测的，进化没有目标，也没有方向。进化的发生是随机的，取决于上百万种可能性。

虽说我们无法预测生物圈会发生哪些长期变化，但我们还是可以自信地说出地球近期将会发生些什么。一般的地质变化是完全可以被预见的，由这些地质变化导致的生物大变化也同样可以预测。

未来等待地球的，将是什么呢?

现在的地球差不多是人到中年。未来不过是从前事件的重复，也许还会出现新的古菌和新的联合大陆。说不定恐龙也会重新杀回地球，谁知道呢!

冰河时代还将持续数千万年。任何全球变暖都将对此无能为力。强大的雪盖将不止一次地出现在两极，沉重的冰川将沿着欧亚大陆和美洲平原一路推进到赤道。非洲将并入欧洲。如今地中海的位置，将耸起一道跟喜马拉雅山脉等高的山脊。南美洲和南极洲将会靠近澳大利亚，它们将碾压并挤扁太平洋。太平洋将永远消失，相反，大西洋将有所增长，并占据地球的一半面积。

2.5 亿年之后，所有的大洲都将汇聚在一起，形成超级新联合大陆。冰川作用又将重新开启（它通常会与超级大陆几乎同步发生）。这次的冰川作用将比之前的威力更大，势头也更劲。这与地球地幔的缓慢冷却和火山作用的减弱息息相关。但是地球并不会完全冰冻，因为太阳的光照也会越来越强烈。

5 亿年后，太阳系内部可能存在生命的区域将更加接近地球。两极将变成热带，赤道会变成炎热的沙漠。河流、湖泊将消失，海水将会变干，然后是大洋里的水，也会干涸。生命将走向逆向轮回，只是事件的发展频率会变快。

最开始消亡的会是陆地上的动物，它们将无法承受炙烤的问题。爬行动物、哺乳动物和鸟类也会消亡，然后是昆虫、节肢动物、蠕虫。它们曾是最早登陆的动物，也将成为最后离开陆地的动物。

高度有条理的生活模式将会走向灭亡。古菌和细菌将从深海的凹陷处和水下的间歇温泉中冒出来。全球范围内的"扫把星"（叠层石）将会再次从水中升起。地球将重新变回细菌的星球，地球上的所有居民都会变成单细胞的细菌，将会产生新的古菌，但它的时日也是短暂的。

一轮巨大的太阳在冉冉升起，我们的地球将镶嵌其中。这样的画面很像是一只鸽子被定格在熊熊燃烧着的摩天大楼上。

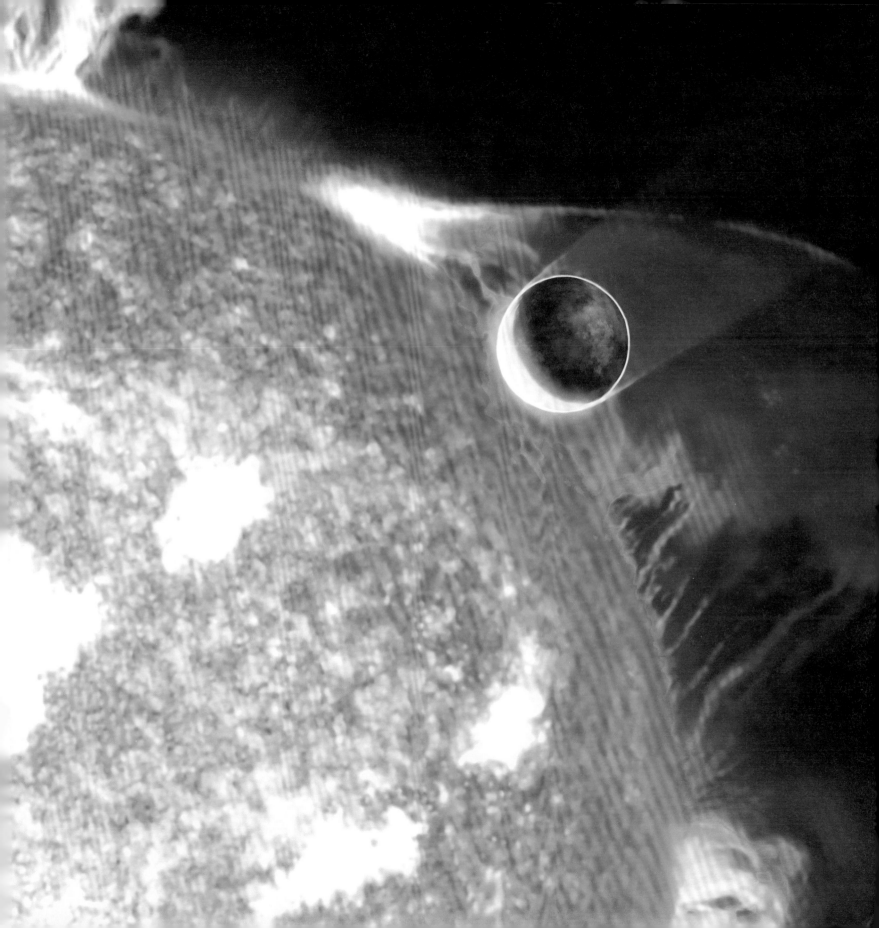

6亿年后，将发生星球核衰变现象。氧气大量进入大气层，还将同时伴随巨大的线羽流、火山喷发、地震和爆炸的发生。空气中将充满氧气，大气压力将急剧增加。世界海洋中剩下的最后一批水坑也将被蒸发。

将出现地球的生态死亡，地球上的所有生命体都将荡然无存。

再过15亿年，所有的重铁将最终归入地球核心。地球上的所有元素也将根据其密度各归其位，像七巧板一样，丝毫不乱。地球内部的运动将停止，各大洲也将不再移动。此时将出现地球的地质死亡。

地球磁场变弱，不会干扰风将大气中的残留物吹走。地球将变成跟火星一样的巨大红色沙漠。

50亿年后，太阳的规模将会急剧增大，变成一个巨大的红色火球，将水星和金星吞没，然后接近地球轨道。地球将从红色火星模样转变成炽热水星模式，几乎整个地球的天空将被巨型太阳所笼罩。最后，我们的星球将变成一块烧红的木炭，在火焰般的天体大气中飞舞成灰烬。

最终，太阳的外壳会脱落，变成一个浅色的小矮个儿，大小跟现在的地球差不多。它将慢慢冷却，直到最后熄灭。结冰的行星将在它周围的黑暗里飞舞。太阳系的其他所有残余，将最终被彗星的随机碰撞、超新星爆炸，以及其他宇宙大灾难逐个摧毁。太阳系又将再一次回归由尘土、气体和冰组成的星空摇篮。

5.5亿年后，细菌和古菌将成为地球上的唯一幸存物，而海水里会充斥大量的叠层石，一如30亿年前的地球。

图书在版编目（CIP）数据

地球简史：从星尘到万物 /（俄罗斯）安东·涅利霍夫，（俄罗斯）阿列克谢·伊凡诺夫著；朱蝶译 . —长沙：湖南科学技术出版社，2022.1

ISBN 978-7-5710-1344-8

Ⅰ .①地…　Ⅱ .①安… ②阿… ③朱…　Ⅲ .①地球—青少年读物　Ⅳ .① P183-49

中国版本图书馆 CIP 数据核字（2021）第 250410 号

著作权合同登记号：18-2021-336

DIQIU JIANSHI :CONG XINGCHEN DAO WANWU

地球简史：从星尘到万物

著　　者：[俄罗斯]安东·涅利霍夫　[俄罗斯]阿列克谢·伊凡诺夫
绘　　图：[俄罗斯]安德烈·阿杜钦
译　　者：朱　蝶
出 版 人：潘晓山
责任编辑：何　苗
出版发行：湖南科学技术出版社
社　　址：长沙市芙蓉中路一段 416 号泊富国际金融中心
网　　址：http://www.hnstp.com
邮购联系：0731-82194012
印　　刷：长沙市雅高彩印有限公司
　　　　　（印装质量问题请直接与本厂联系）
厂　　址：长沙市开福区中青路1255号
邮　　编：410153
版　　次：2022 年 1 月第 1 版
印　　次：2022 年 1 月第 1 次印刷
开　　本：787mm×1092mm　1/12
印　　张：10.5
字　　数：87 千字
书　　号：ISBN 978-7-5710-1344-8
定　　价：98.00 元
（版权所有·翻印必究）